高等院校艺术设计类专业
"十三五"案例式规划教材

书籍装帧设计

■ 主 编 章 瑾 陆海娜 柯文坚

ART DESIGN

华中科技大学出版社
http://press.hust.edu.cn
中国·武汉

内 容 提 要

本书系统介绍了书籍装帧封面设计概述、设计元素、版式设计和形态设计等知识，并通过案例分析介绍书籍装帧设计的具体操作步骤，从而提高读者的设计水平。此外，本书还以案例加图解的形式，对相关内容进行全面的分析与解读，将理论知识应用于实践中。本书对研究书籍装帧设计艺术、提高创造力和书籍装帧设计动手能力具有较强的启迪和指导作用。本书适用于高等院校和高职高专院校设计专业用书，还可作为设计爱好者的自学辅导用书。

图书在版编目 (CIP) 数据

书籍装帧设计 / 章瑾，陆海娜，柯文坚主编 . —武汉 : 华中科技大学出版社，2019.1（2025.7重印）
高等院校艺术设计类专业"十三五"案例式规划教材
ISBN 978-7-5680-4904-7

Ⅰ . ①书…　Ⅱ .①章…　②陆…　③柯…　Ⅲ .①书籍装帧－设计－高等学校－教材　Ⅳ .① TS881

中国版本图书馆CIP数据核字(2018)第292817号

书籍装帧设计
Shuji Zhuangzhen Sheji

章　瑾　陆海娜　柯文坚　主编

策划编辑：金　紫
责任编辑：周怡露
封面设计：原色设计
责任校对：李　弋
责任监印：朱　玢
出版发行：华中科技大学出版社（中国·武汉）　　电话：(027)81321913
　　　　　武汉市东湖新技术开发区华工科技园　　邮编：430223
录　　排：华中科技大学惠友文印中心
印　　刷：河北虎彩印刷有限公司
开　　本：880mm×1194mm　1/16
印　　张：8.5
字　　数：191 千字
版　　次：2025 年 7 月第 1 版第 4 次印刷
定　　价：56.00 元

前言

　　书籍，作为知识的载体，在生活中充当着重要的角色。如今，书籍装帧设计在我国作为一种艺术设计形式，有着良好的发展趋势。当代优秀的书籍装帧艺术家用宝贵知识与经验为书籍装帧设计开辟了一片新天地。然而，书籍装帧设计在发展中依然存在着不足之处。

　　近年来，随着设计行业的崛起与出版行业的逐步开放，从事装帧设计行业的人才越来越多。书籍装帧既传承着古老的中华文化，也体现着现代科学技术手段，并在文化创意产业发展中发挥出越来越重要的作用。书籍装帧设计是现代设计基础的重要组成部分，是艺术设计类专业的一门必修课。但对装帧艺术的认识不能停留在表面，既不可一味地追求审美的唯美主义，也不可只强调书籍的实用主义，而是要在保证阅读的前提下，"将美物化、将物美化"，使书籍既具有功能性，又具有形式美。

　　突破传统书籍装帧观念是现代书籍装帧设计的重要任务。现代书籍装帧设计越来越趋向于视觉感受和触觉感受，在视觉上，以美观、视觉冲击力构成书籍直观的美；在触觉上，以精湛的装帧技术、优质的书籍纸张形成良好的触觉感受。书籍应以科学合理的排版形式、创意互补的图文设计、强大的知识体系构成书籍的内容美，传递出更多的信息。因此，传承与发展是书籍装帧设计的重要课题。

　　本书分为六个章节。第一章主要概述了书籍装帧设计的起源与发展，为系统化地学习装帧设计作铺垫，有利于学生了解国内外的书籍装帧知识，结合国际化潮流设计出更好的作品。第二章以分述的形式，讲述了书籍的各个构成要素与书籍之间的联系，其中，对书籍封面设计作了重点分析。第三章阐述了书籍装帧的版式设计，将版式设计的概念、设计形式、设计原则等相关问题一一讲解。插画设计作为版式设计的精髓，在本章节中作了重点讲解。第四章以书籍装帧的形态设计为主要内容，讲解了书籍的开本设计、装订形式与工艺流程，对书籍的装帧工艺知识进行全方位的概述。第五章为案例欣赏，以案例分析与图解的编写形式，创造出轻松的阅读氛围，让读者从审美的角度来理解全书的知识点。

本书在编写时得到了以下同事的帮助，在此表示感谢：金露、汤留泉、童蒙、董道正、胡江涵、雷叶舟、李昊燊、李星雨、廖志恒、刘婕、彭曙生、王文浩、王煜、肖冰、袁徐海、张礼宏、张秦毓、钟羽晴、朱梦雪、祝丹、邹静、柯玲玲、张欣、赵梦、刘雯、李文琪、李艳秋、刘岚、邵娜、郑雅慧。

编　者

2018 年 12 月

目录
Contents

新鐫全部

繡像紅樓夢

萃文書屋

序

紅樓夢小說本名石頭記

惟書中記雪芹曹雪芹先生

若相傳不一兒未知也

數十年所傳抄

間有事者或傳抄一

第一章

书籍装帧设计概述

学习难度：★☆☆☆☆

重点概念：书籍的起源、形成、发展

章节导读

　　书籍是人类宝贵的财富，是传递知识不可或缺的文化载体。而书籍装帧设计作为艺术设计的一种，伴随着人类文明的进步而不断地变化和发展，不同的时代赋予书籍装帧不一样的表现形式。书籍的内容不仅仅是作为精神层次的阅读，更重要的是帮助人类更形象、更具体地记载文化历史的每一个重要时刻（图1-1）。

图 1-1　书籍封面设计

2

第一节
书籍的起源

书籍是指装订成册的著作。从广义上讲，书籍是指记录与传递一切文字信息的载体。从狭义上讲，书籍是带有文字和图像的纸张的集合。不同时间和不同地域产生了不同形态的文字内容，而不同的文字形式和不同文化背景的差异则使人们选择了多样化的载体，各种各样的书籍装帧形态设计由此产生。

随着人类社会的进步与发展，人们在满足物质生活的同时，也开始注重对精神生活的追求，对生活品质的要求逐渐提高。人们对设计的需求越来越大，书籍装帧设计也由此开始了多元化的发展。

一、中国书籍装帧起源

书籍装帧在文字的现有基础上得到发展。中国最早的文字形式是商代甲骨文，这也是书籍萌芽的表现。随着历史的发展，我国文字经历了从甲骨文到金文、石鼓文的发展（图 1-2 ～图 1-4）。金文是指铸造在殷周青铜器上的铭文，也叫钟鼎文。商周是青铜器的时代，青铜器的礼器以鼎为代表，乐器以钟为代表，"钟鼎"是青铜器的代名词。石鼓文为四言诗，因其刻石外形似鼓而得名。石鼓文是我国最古老的石刻文字，因记述秦皇游猎之事，也称"猎碣"。

随着社会经济和文化的逐步发展，我国的文字又经历了大篆、小篆、隶书、草书、楷书、行书等字体的演变（图 1-5 ～图 1-10），书籍装帧的材质和形式也逐渐完善。

图1-2　甲骨文

图1-3　金文

图1-4　石鼓文

图1-5　大篆

图1-6　小篆

图1-7　隶书

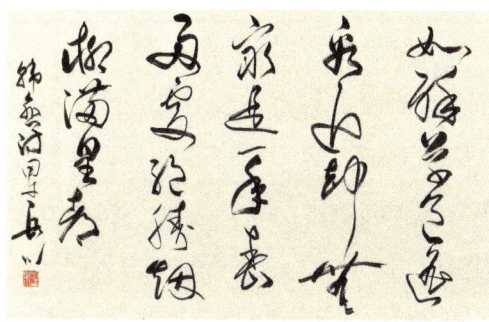

图1-8　草书

图1-9　楷书

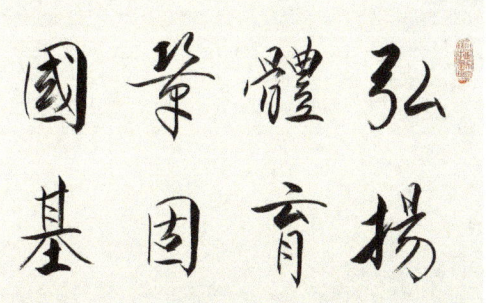

图1-10　行书

二、早期的书籍材质

早期的文字载体是龟甲和兽骨，但是这种载体存在一定的局限性，文字的版面要根据甲骨的形状大小来确定。由于早期的文字尚未得到规范，文字载体都是来自自然生成的物体，在外形上缺乏创造性与设计感。同时，这种单片的载体不易于阅读与保存，因此，这个时期书籍装帧设计的意识还没有完全形成。随着人类文明的进步，中国的书籍装帧又出现了玉版、简牍、缣帛、纸等载体形式。

1. 玉版

玉版又称为"玉板"，是指用于刻字的玉片（图1-11）。玉版又泛指珍贵的典籍。在古籍《韩非子·喻老》中，有"周有玉版，纣令胶鬲索之，文王不予；费仲来求，因予之"一说。由于这种材质较为昂贵，因此玉版多为贵族使用。

2. 简牍

简牍是古代书写用的竹简和木片。

竹简是古代用来写字的竹片，主要是把竹子加工成统一规格的竹片，将竹片作为书写的载体（图1-12）。为防止日后虫蛀和变形，书写前将竹片用火烤干，这种书写形式称为竹简。书写完成后再将

竹简用革绳相连成册，称为"简策"。这种装订方法成为早期书籍装帧比较完整的形态，已经具备了现代书籍装帧的基本形式。

木牍的书写制作方式与竹简相似。木牍是用于书写文字的木片，与竹简不同的是，木牍以片为单位，一般着字不多，多用于书信。早期的文字刻在甲骨、钟鼎、玉版上，由于其材料的局限性，难以得到广泛的传播，普通百姓难以接触。直至殷商时期，由于竹简的出现，文化知识不再是上层社会特有的权利，普通老百姓也能掌握文字，学习先进的思想，文化得到更广泛的传播。

3. 缣帛

缣帛是一种质地细薄的丝织品，古人在发明纸以前常在缣帛上书写文字。这种书写载体兴起于春秋时代，盛行于两汉时期（图1-13）。缣帛与简牍以及其他的书写载体并存。缣帛具有柔软轻便、幅面宽广、宜于画图等优点，这些都是简牍所不具备的优势。

缣帛价格高昂，一般百姓负担不起。由于书写后不便更改，缣帛一般只用作定本，所以缣帛始终未能取代简牍作为记录

图1-11 玉版

图1-12 竹简

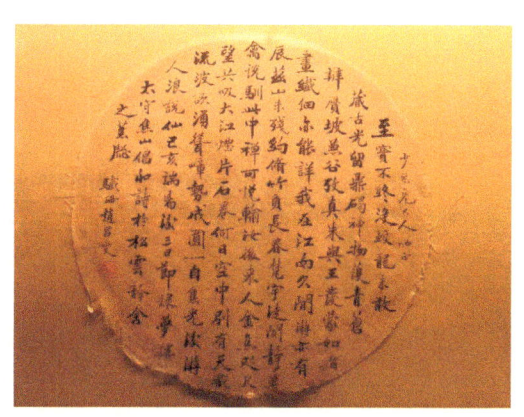

图 1-13　缣帛

图 1-14　纸

5

知识的主要载体。自简牍和缣帛作为书写材料起，这种形式被史学家认为是真正意义上的书籍。

4. 纸

纸是中国古代四大发明之一，它与指南针、火药、印刷术并称为中国四大发明，为中国古代文化的繁荣提供了物质基础（图 1-14）。纸的发明结束了简牍的历史，大大地促进了文化的传播与发展。

传统的书写材质价格高昂，携带不便。首先，缣帛的造价十分昂贵，普通百姓承受不起。其次，简牍十分笨重，长途跋涉不易于携带。

直至西汉时出现了纸。魏晋时期，造纸技术、用材、工艺等进一步发展，几乎接近了近代的机制纸。东晋末年，纸凭借轻便、灵活和便于装订成册等诸多优点作为书写用品正式取代了简牍和缣帛。公元 105 年，东汉蔡伦改进造纸工艺后，被认为是现代造纸术的鼻祖。

纸的出现最终确定了书籍的书写材质，隋唐雕版印刷术的发明又将这一材质特点发挥到了极致，使书籍以更为规范的形式呈现。印刷术替代了繁重的手工抄写方式，缩短了书籍的成书周期，大大提高了书籍的品质和数量，从而推动了人类文化的发展。随着书籍的发展趋于成熟，其装帧形态也经历了多种演变形式。

三、书籍装帧设计的含义

一本好书的创造是作者和书籍设计师共同的智慧结晶。作者提供了良好的精神基础，而设计师在其基础上将赋予这本书一个新的形象。书籍装帧设计的关键是利用各种视觉手段，将作者赋予作品的核心思想恰到好处地表现出来。整体书籍形象设计包括外部形式、内文编排、字体、字号的选择等（图 1-15、图 1-16）。

读者可以通过对每一本书的纸张和开本形态、印刷工艺等方面的解读，感受书籍柔软的特征和情感的传达。书籍以思想为内容，以纸作为一种媒介，通过良好的装帧设计呈现在读者面前。书籍装帧是在书籍生产过程中将材料和工艺、思想和艺术、外观和内容、局部和整体等组成和谐、美观的整体艺术（图 1-17）。

图 1-15　外部形式设计

图 1-16　书籍内文编排设计

6

(a)

(b)

图 1-17　书籍装帧设计

书籍装帧应有效、恰当地反映书籍的内容、特色和著译者的意图，不仅要符合不同年龄、职业、性别读者的需要，还要考虑大多数人的审美习惯，并体现不同的民族风格和时代特征。

四、书籍装帧设计的目的

书籍装帧设计的目的是给读者创造一种美好的阅读体验，营造一个轻松愉悦的氛围，让读者的阅读体验更轻松。一本书要向读者传达信息，首先要在第一视觉上表现出来，在对文化内容、文字处理、图形变化、色彩搭配上按照主次关系进行设计，注重对实用价值的体现，而不是将书籍作为艺术品来设计。

书籍装帧设计最主要的任务是将图文信息以某种形态最大化、最方便地传达给读者，在设计上不喧宾夺主，低调中透露出层次感。而对于读者来说，读者需要的是知识和信息，而不是设计，书籍装帧设计可以起到引导读者阅读的作用。

我国的书籍设计开始在注重民族性和传统精神的前提下重塑新形态，以此改变人们的阅读习惯和阅读方式。重塑书籍形态的做法意在打破书籍固有的、传统的束缚，倡导主观能动、富有想象力的设计，也就是运用装帧设计语言来研究装帧审美的创造。设计师完成传统书卷美和现代书籍相融合的过程，正是书籍形态变革的价值所在。近年来的书籍装帧设计艺术的进步，已经开始在世界上显露出中国书籍装帧的魅力。

第二节
国内书籍装帧发展

中国是文明古国，在漫长的历史演进中，书籍的设计与制作也有着丰富的历史。远古时期，人类除用语言传递信息外，还用结绳来记载事情，即把绳子打成各式各样大小不同的结，代表不同的事情和含义，用以传播知识、交流思想（图1-18）。结绳可以传到其他的部落，也可以传给后代。《易经》里有"上古结绳而治，后世圣人易之以书契"的说法。此外，人们还在陶罐上涂上有规则的符号，这也是最早的记事方法（图1-19）。

一、早期文字的形成

早期文字的形成主要经历了陶器上的符号、甲骨文、钟鼎文的过程。

1. 陶器上的符号

书籍产生的前提是文字，文字与材料结合在一起形成的整体就被称为"书"。文字是书籍产生的基本条件，距今有五六千年历史的西安半坡遗址出土的陶器纹饰上刻有规则的简单符号，是中国最原始的文字，也是中国书籍的雏形（图1-20）。

2. 甲骨文

甲骨文是中国的一种古代文字，又称"契文""甲骨卜辞""殷墟文字"或"龟甲兽骨文"（图1-21）。公元前16世纪至公元前11世纪的商代，统治者将文字视为神的文字，在甲骨上记录占卜结果。甲骨文字的排列颇具形式美感，《尚书》中记载："惟汝知，惟殷先人有册有典。"其中的"册"字就像甲骨刻上文字后串在一起的形状，"典"字则如两只手捧着简册，有非常尊崇的含义。由此可见，当时的装帧形态主要是在甲骨上穿孔，再用连接物把甲骨一片一片地编起来，即我们后来所说的"页"。直到现在，动画设计中还依然使用"帧"来表示关键性的停顿。

图1-18　结绳

图1-19　陶罐标记

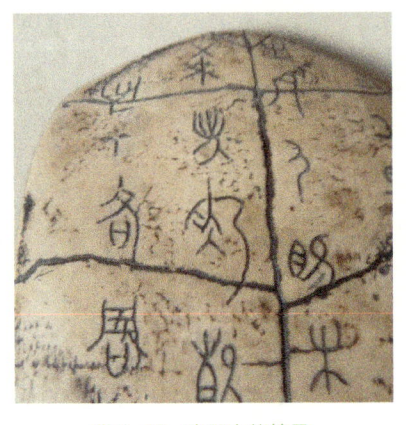
图1-20 陶器上的符号

图1-21 甲骨文

图1-22 钟鼎文

3. 钟鼎文

金文是铸刻在青铜器的钟或鼎上的一种文字，因铸刻于钟鼎之上，有时也称为钟鼎文（图1-22）。金文起于商代，盛行于周代，是在甲骨文的基础上发展起来的文字。至西周时期，青铜器的发展达到鼎盛。一些关于战争、条例、典礼等大型活动被记载于青铜礼器的内壁或腹底，从而形成更完整的文字记录，人们称之为"铭文"或"钟鼎文"。

钟鼎文的排列方式延续甲骨文，但是在形式上更加完善，规范了排列方式。直行从上往下，横行从右往左，行间距大于字间距，让整体篇章的布局十分流畅，显得高贵典雅，读者在翻阅时十分方便。钟鼎文的整体外形以青铜器物外形为载体，故呈现出圆形、弧形等不同形式。

二、书籍的形成

书籍的形成经历了简策制度、卷轴制度、策页制度三个过程。

1. 简策制度

竹简始于商代，一直延续到东汉（公元25～220年）。一般是将竹竿截断，劈成细竹片，在竹片上写字，写字的竹片称作"简"，把许多简编连起来称作"策"。因此，用竹做的书，古人称作"简策"（图1-23）。

"简"的背面写上篇名及篇次，当简册卷起时，文字正好显露于外，便于人们查阅和检索。简的长度一般有三尺、尺半和一尺三种。编简成策的方法是用绳将简依次编连，上下各一道，再用绳子的一端将简扎成一束，就成为一策书。汉代的简，书写已经十分规范，先有两根空白的简（目的是保护里面的简，相当于现在的护页），然后是篇名、作者、正文。一部书若有许多策，常用布或帛包裹，也有用口袋装盛，称作"囊"，相当于现在的书盒。

将很多简片依次连接起来的带子称作"编"，用丝绳做带子的称"丝编"，用牛皮做带子的称"韦编"。古人编简成策有两种方式：一种是单绳串连，一种是两道绳乃至四道绳编连。汉代刘熙在《释名》中说："札，栉也，编之为栉齿相比。"意思是指在写好的竹木简上端钻孔，然后用绳依次串编。上端像梳子背脊，下边诸简垂挂，如同梳子的栉齿并列。编绳的道数取决于竹木简的

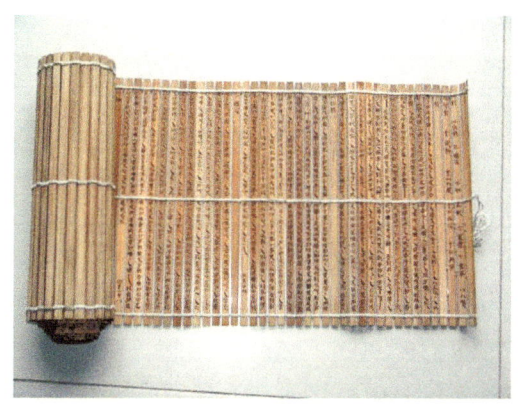

图 1-23　简策制度

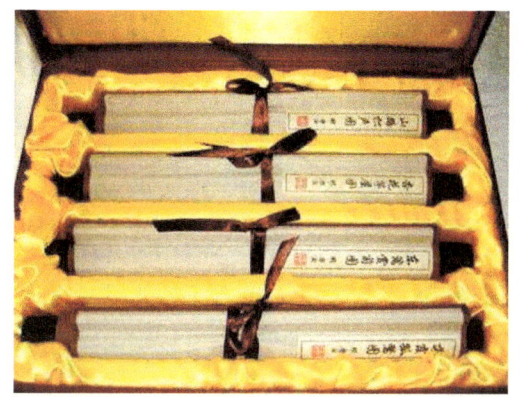

图 1-24　卷轴制度

长短。短简两道编绳即可，甘肃省出土的《永元兵器薄》为两道编绳。长简用两道绳子编不结实，就用三道或四道编绳。如武威出土的《仪礼》汉简，简长三尺，其编绳就是四道。至于是先写后编，还是先编后写，两种形式都有发现。

2. 卷轴制度

缣帛是丝织品的统称，其质地柔软，便于携带，具有许多简册和木牍无法替代的优点。根据织物表面的粗细、厚薄、洁白程度不同，可分为素、缯、锦、缣等不同的种类，写在这些丝织品上的文字分别叫做素书、缯书、锦书、缣书等。缣帛书写面积大、易于携带、墨迹清晰，因此受到许多文人墨客的喜爱，其使用时间超过了一个世纪。

据考证，春秋时期已出现写字的丝织品，汉代已有专门生产和制作图书的缣帛，帛柔软轻便，其制造长度为 40 尺（1尺约为 240 mm），总长度可视文字的长短而定，如需要更长的材料，则在原基础上加以缝接。书写完成后，用一根细木棒做轴，从左向右卷起，成为一束，在卷轴卷口用签条标上书名（图 1-24）。但帛造价昂贵，不利于广泛使用。

东汉时期，蔡伦发明了造纸术，时至东晋，纸的使用日益普及。因造纸的成本低廉，携带轻便，迅速弥补了书籍材料中"缣贵而简重"的不足。竹简和缣帛逐渐遭到淘汰，书籍开始一律使用黄纸。纸书的最初形式是沿袭帛书的，依旧采用卷轴的形式。古纸的宽度约为 240 mm，相当于汉制的一尺，长度约为宽度的两倍，纸张可根据需要逐张粘贴，一般在 9 ～ 12 m。

随着私人著作的盛行，书籍装帧的形式也变得考究。卷轴装书卷的末端往往黏在轴上，轴通常是一根有漆的细木棒，也有帝王贵族采用珍贵的材料来做轴，如琉璃、象牙、珊瑚、紫檀等。卷的左端卷入轴内，右端露在卷外，为保护卷轴右端另用一段纸或丝织品糊在前面，再系上各色丝带，用来缚扎。"玉轴牙签，绢锦飘带"是对当时卷轴书籍的生动描绘。卷轴装的纸书从东汉（公元 2 世纪）一直沿用到宋初（公元 10 世纪）。

3. 册页制度

册页制度是印本书时期的书籍制度。

册页是现代书籍的主要表现形式，包括经折装、旋风装、蝴蝶装、包背装、线装等。一张印纸称为"页"（或称"叶"），把若干页装订起来称为"册"。

册页制度是现在世界上普遍通行的书籍装帧形式，出现于唐朝末年。由于印刷术的广泛使用，印本书逐渐取代写本书，册页制度因而产生。雕版印刷使书纸变成一页一页的单页，然后再将每一页装订成册，人们把图书的这种形式称为册页制度。

三、我国书籍装帧设计的发展历程

我国书籍装帧设计的发展可分为萌芽时期、发展时期、碰撞时期、快速发展时期。

1. 萌芽时期

19世纪末，随着西方印刷术的传入，先进的金属凸版技术和石板印刷技术逐渐代替了雕版印刷，装订工艺以工业技术为主，书籍装帧的形式由传统的线装向铅印平装靠拢。例如，上海所发行的《申报》《点石斋画报》都应用了西方的先进印刷技术，这也为中国印刷业的发展作了很好

的铺垫（图1-25、图1-26）。

同一时期，中国的文化也受到了西方改革的影响，新思想的凝聚使中国展开了一场引领时代潮流的五四运动。中国书籍装帧从这一刻开始才真正掀开了篇章。1928年，丰子恺首先向国人提出了西方的书籍"装帧"思想，这一思想得到了许多文化人士的支持，其中最有影响力的研究人是鲁迅先生。他对文学的理解与造诣之深不仅体现在对文字内容的灵活把握，更是通过书籍装帧设计的视觉感来体现书籍的内涵和灵魂。这一时期的许多书籍都是鲁迅先生亲自参与设计的。

这一时期的书籍设计艺术也进入一个新的局面，它打破一切陈规陋习，从技术到艺术形式都为新文化的内容服务，具有现代的革新意义。五四运动到七七事变之间的这段时间，可以说是中国现代书籍装帧萌芽时期，人才辈出。

鲁迅是中国现代书籍艺术的倡导者。他积极介绍国外的书籍艺术，提倡新兴木刻运动，为中国现代书籍设计的发展奠定了坚实的基础。他亲身实践，动手设

图1-25 《申报》

图1-26 《点石斋画报》

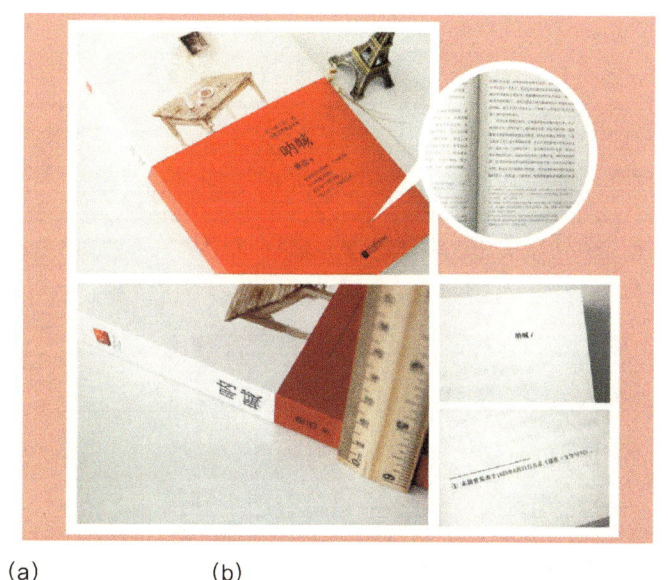

(a)　　　　　　(b)

图 1-27　《呐喊》

计了数十种书刊封面，如《呐喊》（图1-27）、《引玉集》、《华盖集》等，还引导了一批青年画家大胆创作，并在理论方面有所建树。

除了画家们的努力以外，这一时期作家直接参与书刊的设计也是一大特色。鲁迅、闻一多、沈从文、巴金、卞之琳、萧红等都设计过封面。其中不少作家利用名章或书法艺术装帧书籍，使书籍封面具有独特的中国风格，体现出中国书画艺术对该时期封面设计的影响。

2.发展时期

随着抗日战争全面爆发，全国形成国统区、解放区和沦陷区三大地域。三大地域印刷条件都比较困难，最艰苦的是被国民党和日伪军严密封锁的解放区。

小贴士

鲁迅先生介绍

鲁迅（1881年9月25日至1936年10月19日），原名周樟寿，后改名周树人，字豫山，后改豫才。鲁迅一生在文学创作、文学批评、思想研究、文学史研究、翻译、美术理论引进、基础科学介绍和古籍校勘与研究等多个领域具有重大贡献。他对于五四运动以后的中国社会思想文化发展具有重大影响，蜚声世界文坛，尤其在韩国、日本思想文化领域有极其重要的地位和影响，被誉为"二十世纪东亚文化地图上占最大领土的作家"。

解放区的出版物，有的甚至一本书由几种杂色纸印成，书籍装帧的条件十分刻苦。

大西南的国统区也只能以土纸印书，没有条件以铜版、锌版来印制封面，画家只好自绘、木刻，或由刻字工人刻成木版上机印刷，这样印出来的书衣有原拓套色木刻的效果，形成了一种朴素的原始美。沦陷区自太平洋战争到日本投降前夕，物资奇缺，上海、北京印书也只能用土纸，白报纸成为稀见的奢侈品。

1949 年以后，出版事业的飞跃发展和印刷技术、工艺的进步，为书籍装帧艺术的发展和提高开拓了广阔的前景，中国的书籍装帧艺术呈现出多种形式、风格并存的格局。

3. 碰撞时期

20 世纪 70 年代后期，书籍装帧艺术开始复苏，进入 80 年代，改革开放极大地推动了装帧艺术的发展。随着现代设计观念、现代科技的积极介入，中国书籍装帧艺术更加趋向个性鲜明、锐意求新的国际设计水准。

改革开放后，西方先进的设计理念和设计形式为我国装帧设计开辟新的道路提供了参考，装帧设计界曾一度汲取国外现代设计成果的营养，在此期间，参考和模仿相当普遍，抄袭现象亦在所难免。

20 世纪 80 年代以来，装帧设计界和其他设计界一样，受到新的媒介、新的设计技术的挑战，从而发生了急剧变化。这个刺激因素就是计算机技术的发展，计算机技术迅速地进入设计过程，日益取代了从前的手工式的劳动。商业化的浪潮促使市场出现了大量的书籍设计作品，正是在这种技术充分发展的条件下，才使一部分设计师重新考虑书籍设计的相关问题。

4. 快速发展时期

20 世纪 90 年代，印刷术得到进一步的发展，同时，电子技术的发展也使设计发生了很大的变化，这种技术的发展，一方面刺激了国际主义设计的垄断性发展，另一方面也促进了各个国家和各个民族的设计文化的综合和混合，东方和西方的设计文化通过频繁、密切的交往得到交融。因此，国际主义设计成为主流，同时也潜伏了民族文化发展的可能性和机会。这种情况自然造成国际主义设计和民族文化设计多元化的发展。设计在新的交流前提下出现了统一中的变化，产生了设计在基本视觉传达良好的情况下的多元化发展局面，个人风格的发展并没有因为国际交流的增加而减弱或者消失，而是在新的情况下以新的面貌得到发展。

20 世纪 90 年代以来，我国一批书籍设计家一方面虚心学习先辈们的经验，另一方面大胆更新观念，创造崭新的书籍设计理念。这其中以吕敬人先生最为突出，他提出书籍设计的形态学概念，为我们展现了全新的设计理念。他的设计作品有着浓厚的传统风味，同时又体现着简约的现代风格，广受国内外读者的欢迎。

第三节
国外书籍装帧发展

一、国外书籍装帧的起源

国外书籍装帧的起源主要有石碑雕刻、泥版雕刻、叶片雕刻。

1. 石碑雕刻

如果中国的书籍装帧史从以雕刻形式出现的甲骨文开始的话，那么，西方书籍装帧的发展史就不得不从刻在石碑上的象形文字谈起。这种文字产生于公元前4000年左右，是古代埃及文明的开始，它同中国的甲骨文一样，都是从原始社会最简单的图案和花纹独立产生出来的，古埃及人将它刻在石碑上以求长久保存（图1-28）。

2. 泥版雕刻

与此同时，苏美尔人将芦苇秆或骨棒、木棒削成三角形尖头当笔，在黏土制作的泥版上写字，再将黏土晾干后进行烧制。这种字形自然形成楔形，所以这种文字被称为楔形文字。由于泥版很笨重，每块重约一千克，不便于搬运，更不便于装订，因此书都是散开放置的。但楔形文字的出现创造了灿烂的苏美尔文明。

3. 叶片雕刻

以刻字的形式出现的书籍方式还有古印度人、拉丁美洲人用于宗教经文记录的"贝叶经"（图1-29）。这种表现方式较为特殊，它是将文字内容用民间制作的铁簪子刻在经过特制的贝多罗树的叶片上。贝叶经做工精细，规格统一，由于经本四边都涂上一层彩漆，抹上金粉，因而给人一种精湛、古朴、大方、美观之感。贝叶经不但字迹清晰，而且擦不掉、抹不去。由于贝叶经过水煮等工艺特殊处理，可以防虫、防水、防变形，经久耐用。这也是贝叶经可以保存几百年甚至上千年的原因。

(a)　　　　　　　　(b)　　　　　　　　(c)

图1-28　石碑雕刻

图1-29 贝叶经

图1-30 梵夹装

　　这种特殊的文字载体随着宗教的传播，传到了中国的西藏、云南等主要宗教地区，并出现了西藏吐蕃时期古藏文书籍的主要装帧形式——梵夹装（图1-30）。其过程是依次将贝叶经摆好，在其上、下各夹配一块与贝叶经大小相同的竹片或木板，并在夹板中段打两个圆洞，用绳索两端分别穿入洞内，将绳索结扣。这种装订宗教经书的装帧方法一直流传至今。

　　西方书籍装帧设计的重要转折点是工业革命的爆发。它不仅促进了西方经济的发展，更是书籍装帧发展的里程碑。机械化的生产使得社会分工明显，设计、制造、销售都分别以独立的形态出现。被誉为"现代书籍之父"的英国人威廉·莫里斯在这一时期提出要倡导"手工艺复兴运动"，革新书籍装帧艺术。他的思想为书籍的创新发展打开了大门，奠定了坚实的舆论基础。

　　在这一形势下，格罗皮乌斯创办的德国包豪斯设计学院率先实践了这一思想，将先进的设计思想与选型理论运用到书籍装帧的设计中，呈现出一批优秀的书籍装帧作品（图1-31）。

二、册籍的诞生

　　莎草纸质地松脆，取材方便，缺点是不易保存和流传（图1-32）。中世纪

(a)

(b)

图1-31 包豪斯风格设计

图 1-32　莎草纸

图 1-33　羊皮纸

西方以羊皮纸（图 1-33）代替莎草纸。羊皮纸表面呈半透明状，是用山羊、绵羊的皮通过浸泡、软化、上粉、打磨等工序制作而成。书写用手抄方式，抄写者用扁头的笔抄写经文或法典。羊皮纸的试制成功给欧洲的书籍形式带来了巨大的变化，由卷轴式改变为册页式，页码平放装订，改变了以前保存与阅读困难的情况，同时书籍也出现了装饰华贵的首字母大写，出现了与内容密切相关的插图。

三、印刷术与书籍设计

1439—1440 年，德国人古腾堡以铅为材料，铸造字模，利用金属字模进行印刷，这是最早的凸版印刷试验。在以后的试验中，古登堡改变了印刷的材料，采用亚麻仁油与灯烟的黑灰混合，制成黑色油墨，再用皮革球沾上油墨涂到金属印刷平面上，以取得均匀印刷的效果。这个时期最有价值的是公元 1568 年出版的由安曼设计插图的书籍《各行各业手册》。在这本书上有 8 张图片介绍当时印刷业的工作情况，包括造纸、铸造活字、排版、修版、印刷、装订等。这些插图是用木刻制作的，

黑白线条非常清晰。这一时期从印刷所出来的书并非最终成品，还要靠手工绘制装饰首写字母、框饰、插图，并加上标点符号。此时的书籍通常以单页形式出售，读者可以根据自己的喜好进行装订。

文艺复兴时期在平面设计上的一个重大的进展，就是版面设计逐步取代了旧式的木刻制作和木版印刷（图 1-34、图 1-35）。金属活字的出现使得文字和插图可以进行比较灵活的拼合，插图也逐渐从单纯的木刻发展到金属腐蚀版。这就是现代意义上的"排版"。

德国是欧洲众多国家中最早利用排版方式设计将插图用于书籍中的国家，极大地丰富了书籍的版面形式。15 世纪末，德国城市纽伦堡成为欧洲最重要的印刷工业中心。1498 年，丢勒为《启示录》一书设计了 15 张极其精美的木刻插图，描绘生动，线条丰富，黑白处理得当，构图紧凑，成为这个时期德国艺术登峰造极的代表作。

文艺复兴时期的科学书籍和宗教书籍同时盛行。这个时期的书籍都广泛地采用卷草花卉图案，文字外部全部用图案环

古腾堡：西方活字印刷术的发明人，推动了西方科学和社会的发展。

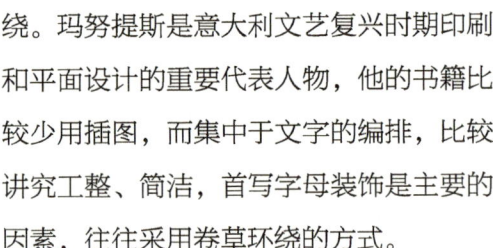

图 1-34　木刻制作

图 1-35　木版印刷

绕。玛努提斯是意大利文艺复兴时期印刷和平面设计的重要代表人物，他的书籍比较少用插图，而集中于文字的编排，比较讲究工整、简洁，首写字母装饰是主要的因素，往往采用卷草环绕的方式。

17 世纪的书籍出版基本上是基于商业的出版，比较讲究实用功能的特点。1609 年，世界上第一张报纸《阿维沙关系报》在德国德奥格斯堡出版，这是平面设计史上的一个重要的突破。与此同时，荷兰的印刷业也有一定程度的发展。

18 世纪，洛可可风格盛行于法国宫廷，不少欧洲国家的君王对印刷的意义和重要性有了深刻的认识，促进了国家和民间印刷业与书籍设计的发展。洛可可风格强调浪漫情调，从自然形态、东方装饰、中世纪和古典时代的装饰风格之中吸取设计元素，大量采用淡雅的色彩，大量使用

金色和象牙白色，在设计上往往采用非对称的排列方法。

字体不统一是 18 世纪的欧洲印刷业普遍存在的弊端，除了皇家印刷厂有自己的标准外，几乎每家私人印刷厂都有自己的字体尺寸，大小不一，没有统一的尺寸来作为行业标准。

1737 年，《比例表格》的出版对字体的大小尺寸和比例作了严格的规范。在字体设计方面，英国著名的字体设计师卡斯隆于 1720 年开始从事字体设计和铸造，并设计出卡斯隆体系，为英国的书籍设计作出了巨大的贡献。

第二次工业革命使印刷技术得到革命性的发展。1928 年，伦敦出版了专业的书籍设计杂志，公开倡导书籍艺术之美的设计理念，向世界展示书籍设计艺术的进展情况。艺术家可以发表自己的艺术主

卡斯隆体系

卡斯隆体系是迄今为止在平面设计上广泛使用的一种字体。卡斯隆在设计字体的时候，主要在于把从荷兰传过来的欧洲流行字体进行改造，特别是笔画粗细的强调，形成既清楚又典雅的新字体，受到欧洲各个国家的印刷业和设计界欢迎（图1-36）。

卡斯隆主要是集中于古典风格字体的再设计和改造上，形式比较稳健典雅。因此，他的字体也被称为"卡斯隆旧体"。与他同时从事新字体的平面设计探索的英国人是约翰·巴斯克维尔，他从比较古典的、富于装饰性的字体和版面设计开始入手，逐步转变为比较简洁、明快、清晰的风格。他的字体风格介于古典罗马字体与现代字体之间，是衔接两个设计风格时期的过渡性风格，在平面设计发展史上具有很重要的意义。

小贴士

图1-36 卡斯隆字体

张和流派宣言，亦可组成各种俱乐部。俱乐部成员不仅仅局限于美术家领域，还有从事其他行业的人员，例如诗人、作家、音乐家等。各行各业的佼佼者的加入，使书籍设计的艺术性更加丰富多彩，其代表人物是英国设计家威廉·莫里斯。他领导了英国"工艺美术运动"，开创了"书籍之美"的理念，推动了革新书籍设计艺术的风潮，被誉为现代书籍艺术的开拓者。

威廉·莫里斯十分注重书籍设计，他主张从植物的纹样与东方艺术中总结设计的来源，他一生共制作了52种、66卷精美的书籍。他设计的书籍十分优雅，简洁美观，且讲究工艺技巧，制作严谨。莫里斯通过自己的努力，让更多的人看到了书籍设计的重要性，各国纷纷开始探索书籍艺术。

1891年，威廉·莫里斯成立了凯姆斯科特出版印刷社，进一步促进了一批以生产精美的书籍为目的的私人印刷所在英国、美国和德国的大量产生。这些印刷所致力于追求美观的字体、讲究的版面设计、良好的纸张和油墨，以及漂亮的印刷和装订。各国的艺术流派也为现代书籍的发展作出了巨大的贡献。

第四节
案例分析——中国四大名著

四大名著是中国文学史上的经典作品，也是世界宝贵的文化遗产。此四部巨著在中国文学史上的地位难分高低，都有着极高的文学水平和艺术成就，细致的刻画和所蕴含的深刻思想都为历代读者所称道，其中的故事、场景、人物已经深深地影响了中国人的思想观念、价值取向，可谓中国文学史上的四座伟大丰碑。

一、西游记

《西游记》的作者吴承恩（1501～1582年），字汝忠，号射阳山人，是中国明代杰出的小说家。书中主要讲述唐僧师徒四人去西天取经，沿途除妖降魔、战胜困难的故事。书中唐僧、孙悟空、猪八戒、沙僧等形象刻画生动，规模宏大，结构完整。《西游记》具有浓厚的佛教色彩，其寓意深远，可以从佛、道、俗等多个角度欣赏，是中国古典小说中伟大的浪漫主义文学作品。

1. 大众版西游记

大众版西游记的书籍装帧设计在形式上更加注重文化氛围的营造。中式古典花纹作为封面，既文雅舒适，又不失现代设计元素。

图 1-37 所示的大众版《西游记》系列书籍在编写上，更加注重读者的思维理解能力，无论是封面设计与版面设计，都迎合了大众的使用需求与审美需求。在配色上，古典名著的淡雅与文化收藏性更加显而易见。黄色在古代常作为帝王之色使用，而在现代书籍中，黄色具有良好的视

封面的底纹选择了中式的花卉样式，突出中国古典元素设计，彰显出文化底蕴

在字体选择上，使用加粗、放大的手法，突出封面的主导作用

封面的下方是对出版社的署名介绍，标明出处，也是对书籍版权的标注

图 1-37 大众版《西游记》封面设计

图 1-38 大众版《西游记》的装帧

觉作用，可以缓解长时间阅读带来的疲劳感，减轻对视力的伤害。

如图 1-38 所示，在装帧方式上选用精装版，硬壳的封面包装可以让书籍内容得到更好的保护。其次，精装版的书籍在外观上更具审美性与收藏性，书籍经过长时间的翻阅会有磨损，相对于普通的包装，硬质包装能延长书籍的使用寿命。

在内文的编写上，该版本侧重于厘清文中复杂的人物关系，将复杂的人物关系用关系图来标示，这样的方式能够让读者在阅读的过程中有一个清晰的思路（图 1-39），其次是便于讲述故事情节，让读者更好地理解文中的跌宕起伏的情节。

2. 青少年版西游记

青少年版的西游记在封面色彩上的用色十分清新，天蓝色的书籍封面给人一种心旷神怡的感受（图 1-40、图 1-41）。

不同的文字内容选用不同的字体与大小，从大到小依次表明文字的重要程度。

书脊是连接封面与封底的部分，也是整本书厚度的体现。经撞齐、上胶或铁丝订，再加封面，形成书脊。书脊上一般印有书名、期号与其他信息。

场景插画是西游记中常见的配图方式，形象的人物与场景图，能够将读者带入阅读场景。

3. 儿童版西游记

西游记在 1986 年春节一经播出就轰动全国，是一部老少皆宜的电视剧，获得了极高评价，至今仍是寒暑假重播最多的电视剧，是一部公认的无法超越的经典。对于儿童而言，长时间的观看电视剧对人体视力、活动量都有所局限性。由此，有出版社发行了儿童版西游记，一经发售就受到众多儿童及家长的喜爱。

如图 1-42（a）所示的儿童版西游记的人物更加卡通化，俏皮可爱的形象广

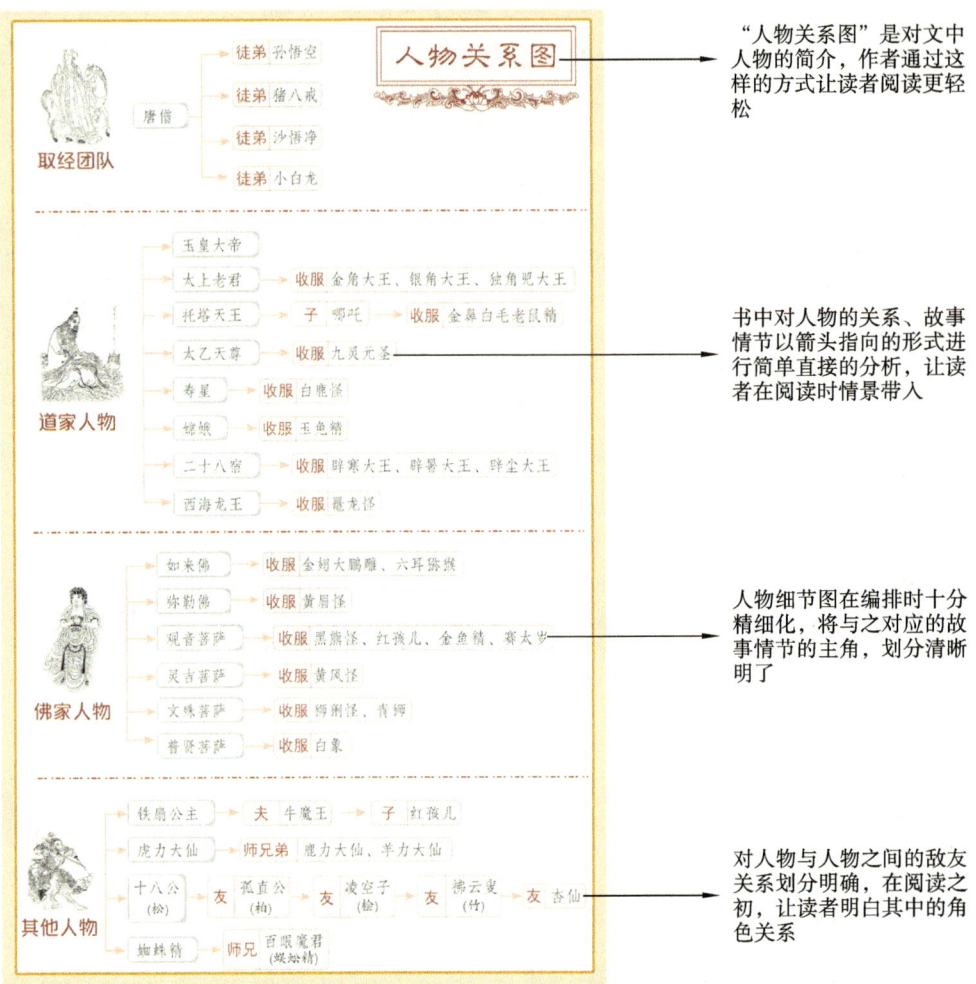

"人物关系图"是对文中人物的简介，作者通过这样的方式让读者阅读更轻松

书中对人物的关系、故事情节以箭头指向的形式进行简单直接的分析，让读者在阅读时情景带入

人物细节图在编排时十分精细化，将与之对应的故事情节的主角，划分清晰明了

对人物与人物之间的敌友关系划分明确，在阅读之初，让读者明白其中的角色关系

图 1-39　大众版《西游记》的内文编排

封面插图是一种常见的封面设计手法，可以丰富版面

作者是对图书知识内容或艺术内容的创作、编纂、翻译等负直接责任的个人或组织

蓝色封面给人青春活力的感受，也有舒缓心理的作用

图 1-40　青少年版《西游记》的封面

图 1-41　儿童版《西游记》的装帧设计

受小朋友的喜爱。如图 1-42（b）所示，手绘版的儿童版《西游记》在形象上更加细腻化，绘画形象更加生动有趣。

相比大众版与青少年版的封面设计，儿童版《西游记》在封面设计上更加注重版面的色彩设计与图形编排，在视觉上吸引儿童的注意力，让儿童感到更多的趣味性。

与大众版《西游记》人物关系图相比较，儿童版在编写上更加简单易懂，线路划分也是按照一条线的形式，这样的方式更容易被儿童接受（图 1-43）。

二、红楼梦

《红楼梦》是中国古典四大名著之首，又名《石头记》《金玉缘》，是清代作家曹雪芹创作的长篇章回体小说。小说以"大旨谈情，实录其事"自勉，只按自己的事体情理，按迹循踪，摆脱旧套，新鲜别致，取得了非凡的艺术成就。此书分为 120 回"程本"和 80 回"脂本"两种版本："程本"为程伟元排印的印刷本，"脂本"为脂砚斋在不同时期抄评的早期手抄本，脂本是程本的底本。

《红楼梦》是一部具有世界影响力的人情小说作品，举世公认的中国古典小说巅峰之作，中国封建社会的百科全书，传统文化的集大成者。其"真事隐去，假语村言"的特殊笔法更是令后世读者不断

图1-42　儿童版《西游记》的封面设计

图1-43　儿童版《西游记》的人物关系图

"脂本"与"程本"《红楼梦》

　　"脂本"通常指脂评本《红楼梦》。《红楼梦》现存的版本系，可分为两个系统，一个是仅流传前八十回的，保留脂砚斋评语的脂评系统，另一个是经过程伟元、高鹗整理补缀的、删去所有脂砚斋评语的并续写完成一百二十回的程高本系统。所谓"脂评本"，是概括所有带脂批的《红楼梦》传抄本的总和。

　　"程本"，或者叫"程高本"，在《红楼梦》的各种版本中，是有着特殊价值的本子。所谓程本，主要是指程甲、程乙两个版本。

探索。围绕《红楼梦》的品读研究形成了一门显学——红学。

　　与西游记相似，《红楼梦》有多个版本，涉及经典阅读、课外阅读、课堂教学等形式（图1-44）。经典阅读版本内容与原版并无差异，适合大多数人阅读，编写内容也更加原汁原味。

　　课外阅读版《红楼梦》是部分人群在休闲时间里阅读的版本，编写内容更加简

易化，比较容易理解。学生版的《红楼梦》是作为中小学生的课堂教学课本使用，选取了经典的情节进行深度讲解，在配图上更加生动活泼。

　　学生版《红楼梦》对文中的生僻字词进行注音，对难解的字词进行解释，而且对书中出现的一些人物、地方、相关的传说、天文地理知识、文化知识等简要进行解释说明。对正文中的字词

(a)

(b)

图1-44　《红楼梦》的版本设计

(c)

(d)

续图 1-44

的注音、释义都是以夹批的形式出现，可以帮助读者在阅读中理解字词（图 1-45）。

三、水浒传

《水浒传》是中国古典四大名著之一，为明代作家施耐庵创作。它也是长期以来最受我国人民喜爱的古典长篇白话小说之一。该书讲述了北宋年间一百零八位英雄被逼落草、齐聚梁山、劫富济贫、对抗官府的故事，生动刻画了梁山泊一百零八位英雄好汉的性格，叙述了他们落草和抗争朝廷的故事，该书是古典小说中的巅峰之作。

如图 1-46 所示珍藏版与学生版在封

(a)

(b)

图 1-45 《红楼梦》的内文编排

面设计上有所不同，珍藏版《水浒传》更注重书籍的收藏性与实用性功能，在封面上以坚固耐用为设计原则。学生版本《水浒传》则更加注重美观性，在插图与版面设计上更加丰满，图文之间的关联性更加紧密。

从书籍的厚度来看，珍藏版《水浒传》更厚，全本内容无删节，显然更具收藏与阅读价值。学生版《水浒传》只是截取了原著中喜闻乐见的片段，用作讲解与知识巩固，帮助学生更好地理解名著中的知识点，在内文的版面上，形式感也更加丰富。如图 1-47 所示，学生版《水浒传》多辅以拼音和插图，体现趣味性和知识性。《水浒传》还有其他形式的版本，如图 1-48 所示。

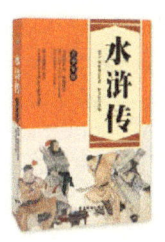

(a)　　　　　　　　　　　　　　(b)

图 1-46　《水浒传》的封面设计

(a)　　　　　　　　　　　　　　(b)

图 1-47　学生版《水浒传》的正文编写

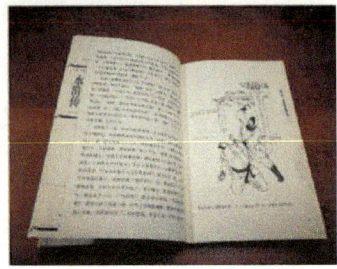

(a)

(b)

图1-48 《水浒传》的平装本与精装本

四、三国演义

《三国演义》是中国古典四大名著之一，是中国第一部长篇章回体历史演义小说，全名为《三国志通俗演义》，作者是元末明初的著名小说家罗贯中。该书描写了从东汉末年到西晋初年之间近百年的历史风云，以描写战争为主，讲述了东汉末年的群雄割据混战和魏、蜀、吴三国之间的政治和军事斗争，最终由司马炎一统三国、建立晋朝的故事。该书反映了三国时期各类社会斗争与矛盾的转化，并概括了这一时代的历史巨变，塑造了一群叱咤风云的三国英雄人物。

全书可大致分为黄巾起义、董卓之乱、群雄逐鹿、三国鼎立、三国归晋五大部分。在广阔的历史舞台上，上演了一幕幕气势磅礴的战争场面。作者罗贯中将兵法三十六计融于其中，既有情节，也有兵法韬略。

1. 封面设计

图 1-49 为卡通形象的封面设计，在视觉上更容易受到青少年读者的青睐，从而使他们对书籍的内容产生阅读兴趣。这也是封面设计成功的一大表现。

2. 前言与目录

图 1-50 卡通形象的书籍，在设计目录时风格偏向于明亮、醒目，这样的色彩让小朋友更容易接受。图

(a)

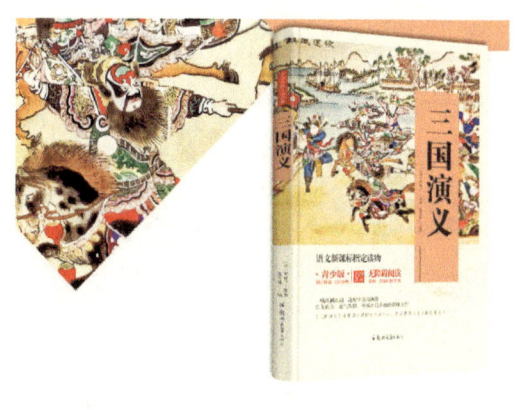
(b)

图 1-49 《三国演义》封面设计

图 1-50 《三国演义》的目录

图 1-51 《三国演义》的前言

1-51"前言"主要是讲述编者的编写方式和主要内容，在色彩上可不作较大的调整变化。

3. 正文内容

图 1-52 为正文内容。在正文的编写上，作者更加注重对学生的阅读引导，对重点字词用特殊颜色与字体加以突出，提醒学生在阅读时加以注意，图中穿插许多精美的插图，有助于学生们放飞想象，使之对阅读产生兴趣。

(a)   (b)

图 1-52 《三国演义》的正文编排

本 / 章 / 小 / 结

　　书籍是我们人生中宝贵的财富，书籍中的知识是精神文明的体现。本章从书籍的形成、起源、发展历程的角度，对书籍装帧设计作了全方面的解析。本章对国内外书籍的发展时期作了阶段性的讲述，让读者在阅读时思路更加清晰。

思考与练习

1. 广义上的书籍装帧的概念是什么？

2. 狭义上的书籍装帧的概念是什么？

3. 中国的书籍装帧设计起源于哪个时期？

4. 早期的书籍材质有哪些种类？

5. 简策制度主要是写什么内容？

6. 册籍是在哪种环境下诞生的？

7. 请简述我国的书籍发展经历了哪几个时期。

8. 文艺复兴时期的书籍有哪些时代特色？

9. 印刷术与书籍装帧设计之间有什么关联？

10. 请分析中国四大名著在书籍装帧设计上的发展意义。

第二章
书籍装帧设计元素

学习难度：★★☆☆☆

重点概念：书籍的构成要素、设计原则、封面设计

章节导读　　　一个优秀的书籍装帧设计作品是通过书籍的文字、插图、色彩等要素来赋予书籍新的定义，从而更好地突出书的主题，概括书的精神，感染并吸引读者，帮助读者理解书籍的内容，增强读者的阅读兴趣并使其从中获得美的享受，让书籍装帧设计实现艺术性与实用性的统一（图2-1）。

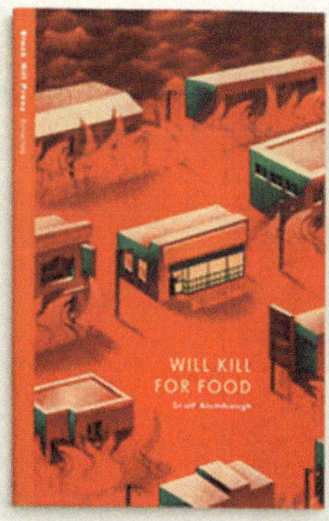

图 2-1　书籍作品

第一节
书籍构成要素

从书籍装帧设计的内容上看，书籍装帧设计是指书籍的开本、装帧形式、封面、腰封、字体、版面、色彩、插图以及纸张材料、印刷、装订及工艺等各个环节的艺术设计。书籍由众多的要素组合而成，包括封面、书脊、勒口、订口与切口、环衬页、扉页、版权页、目录页、正文、参考文献以及其他相关内容等。

1.封面

封面，是指书刊外面的一层，是对订联成册后的书心在其外面包粘的外衣的称呼，也称书封、封皮、外封等。封面可称为书籍的外貌，有时特指印有书名、著者或编者、出版者名称等的第一面。狭义的封面定义指书籍的首页正面，广义的封面定义指书籍外面的整个书皮，即前封、后封、书脊等（图2-2、图2-3）。

封面有平装和精装之分。平装书的封面除了具有保护书籍的功能外，更重要的是传递信息和促销功能。而精装书又有是否套以护封之分。套以护封的精装书，其封面的主要功能是保护书籍，而把传递信息和促销的任务交给护封来完成。没有套以护封的精装书，封面的功能和平装书基本相同（图2-4、图2-5）。

2.书脊

书脊是指书刊封面、封底连接的部分，相当于整本书的书心厚度。书脊常常展示在书店、图书馆、自家的书架上。书脊常常在印刷后加工，为了制成书刊的内心，按正确的顺序配页、折页，组成书帖后形成书脊边。

图2-2　前封

图2-3　后封

图 2-4 平装书封面

图 2-5 精装书封面

护 封

小贴士

护封是精装书书壳的外皮，除具有保护书壳的功能之外，更重要的是传递书的信息，也起到装饰和宣传作用。护封包括前封、后封、书脊、勒口四大部分。护封的前、后勒口要分别沿前、后内封的外口折转进去，所以护封封面上的满版插图或色块要向勒口方向多留出去一些，把书壳的厚度也计算进去。

1. 书前封（封面）

前封指书脊的首页正面。大多数平装书的前封上印有书名、著作者名和出版机构名称。也有少数书籍前封上无著作者名，或无出版机构名。书名大多位于前封的主要位置，且较醒目，而著作者名和出版机构名一般都位于从属位置，且字号较小。

2. 书后封（封底）

后封上通常放置出版者的标志、系列丛书书名、价格、条形码及有关插图等。一般来说，后封应尽可能设计得简单一些，但要和前封及书脊的色彩、字体编排方式统一。

通常书脊上部放置书名，字号较大，下部放置出版社名，字号较小。如果是丛书，还要印上丛书名，多卷成套的要印上卷次。设计时还要注意书脊上、下部分的字与上下切口的距离，制作时要准确计算书脊的厚度，这样才能确定书脊上的字体

图 2-6　平装书书脊

图 2-7　精装书书脊

大小，从而设计出合适的书脊。平装书刊的书脊是平齐的，书心表面与书背垂直。精装书刊的书脊则高出书心表面（图 2-6、图 2-7）。

3. 勒口

勒口又称为飘口、折口，是指书籍封皮的延长内折部分。勒口用于编排作者

或译者简介，同类书目或本书有关的图片以及封面说明文字，也有空白勒口。

部分平装书一般会在前封和后封的外切口处，留有一定尺寸的封面纸向里转折，前封翻口处称为前勒口（图 2-8），后封翻口处称为后勒口（图 2-9）。勒口的宽度视书籍内容需要和纸

精装书的内页一般是采用锁线工艺，再粘上胶。封面一般将印刷精美的薄纸糊在硬纸板上，再将内页粘在书壳上。

图 2-8　前勒口

图 2-9　后勒口

张规格条件而定。

　　勒口上通常可放置作者简介、内容提要等文字内容和相关图片。勒口以封面封底宽度的 1/3 ～ 1/2 为宜，如果封面的封底有底图，需要勒口的图文和封面封底图文连在一起，这样在装订时，如出现尺寸变数(书脊大小等)，勒口也可随之而变。

4. 订口与切口

　　书籍被装订的一边称订口，另外三边称切口（图 2-10、图 2-11 ）。不带勒口的封面要注意三边切口应各留出 3 mm 的出血边以供印刷装订后裁切光边用。现代书籍设计越来越重视订口、切口的设计，订口和切口看似狭小的空间，通过出现图像、色彩或裁切等方式，往往能达到意想不到的效果。

5. 环衬页

　　环衬页是在封面与书心之间的对折双连页纸，一面与书心的订口贴牢，一面与封面的背后贴牢，这张纸称为环衬页，也叫作蝴蝶页。书心前的环衬页叫前环衬，书心后的环衬页叫后环衬（图 2-12 ）。环衬页把书心和封面连接起来，增强书籍的牢固性，具有保护书籍的功能。

　　一般书籍的环衬页选用白色或者淡雅的彩色纸，在书心与封面之间起到过渡作用，这也是书籍装帧设计的一部分内容。精装书的环衬页设计十分讲究，可采用抽象的肌理效果、插图、图案，也有用照片表现，其风格内容与书籍整体保持一致，在视觉上产生由封面到内心的过渡。设计时要注意环衬的色彩明暗和强弱，构图的繁复和简单，应与护封、封面、扉页、正文等的设计取得一致，并要求有节奏感。

6. 扉页

　　扉页是翻开书的第一页，在封面、环衬的后面一页，正文的前一页，是书籍内部设计的入口，也是对封面内容的补充（图 2-13 ）。扉页印有书名、副标题、出版者名、作者名等名称，有些书刊将衬纸和扉页装订在一起，即筒子页，亦称为扉衬页。扉页在设计时应与书籍封面风格

图 2-10　订口

图 2-11　切口

图 2-12　环衬

一致，在细节上又要有所不同，保留自身的特色，形式上不宜过于复杂，避免与封面产生重叠的感觉。

扉页是"书的前奏和序曲"，翻过环衬和空白页，文字信息映入眼帘，因此扉页被称为书籍的第二道门。它除了向读者介绍书名、作者和出版社外，还是书籍封面向书心的过渡，因而是书籍内部设计的一张"脸"。扉页的设计要考虑封面与书心的前后关系，且要考虑书籍装帧设计的整体与和谐感，可根据书籍内容中相关的绘画、摄影作品或文字来设计。

扉页是现代书籍装帧设计不断发展的需要。一本内容很好的书如果缺少扉页，就犹如白玉之瑕，减弱了其收藏价值。爱书之人，对一本好书将会十分珍惜，往往喜欢在扉页上写些感受或者缄言之类的警句。同时，扉页也起装饰作用，增加书籍的美观。

7.版权页

版权页是出版物的版权标志，也是版本的记录页，一般位于扉页的背面或书末最后一页（图 2-14）。在版权页中，主要内容一般包括书名、编者、著者、译者、出版者、印刷者、版次、印次、开本、出版时间、印张、印数、字数、国际标准书号、版权期、书号、定价、图书在版编目（CIP）数据等有关说明事项。版权页供读者了解图书的出版情况，也是文献著录的重要信息源之一。它是国家出版主管部门检查出版计划情况的统计资料，具有版权法律意义。版权页的版式没有固定的设计模式，

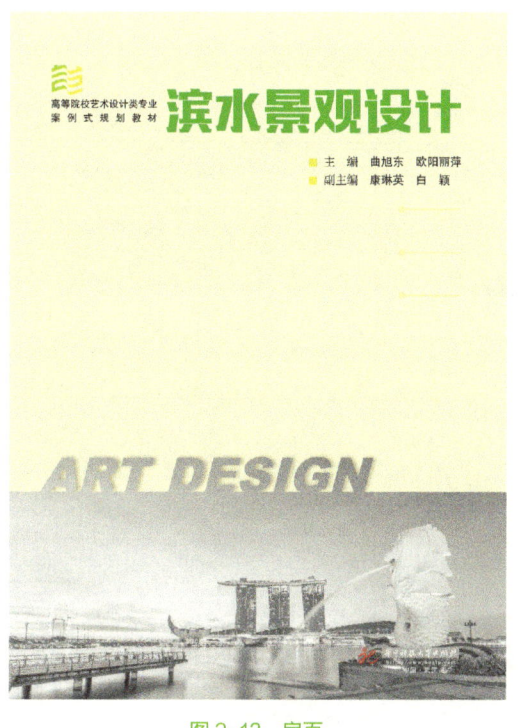

图 2-13 扉页

图书在版编目（CIP）数据

大卖家/海猫跨境编委会著. 2 版. 武汉：华中科技大学出版社，2017.9

ISBN 978-7-5680-3207-0

Ⅰ. ①大… Ⅱ. ①海… Ⅲ. ①电子商务 商业经营 研究 Ⅳ. ①F713.36

中国版本图书馆 CIP 数据核字(2017)第 181678 号

大卖家(第二版)

Damaijia (Di-er Ban)　　海猫跨境编委会　著

策划编辑：何臻卓　李国钦

责任编辑：周永华

封面设计：赵志敏

责任校对：刘　竣

责任监印：朱　玢

出版发行：华中科技大学出版社(中国·武汉)　电话：(027)81321913

武汉市东湖新技术开发区华工科技园　邮编：430223

录　　排：华中科技大学惠友文印中心

印　　刷：湖北新华印务有限公司

开　　本：787mm×996mm　1/16

印　　张：25

字　　数：420 千字

版　　次：2017 年 9 月第 1 版第 1 次印刷

定　　价：69.00 元

本书若有印装质量问题，请向出版社营销中心调换

全国免费服务热线：400-6679-118　竭诚为您服务

版权所有　侵权必究

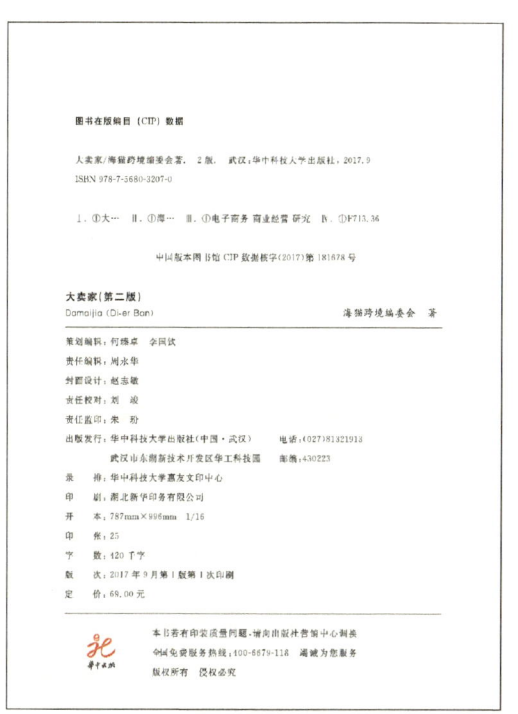

图 2-14 版权页

大多数图书版权页的字号小于正文字号，版面设计简洁。

8. 内容提要

内容提要（图 2-15）是编者介绍所编写书的主要内容与本书特点，为读者在购买时作一定的参考作用，帮助读者对本书有一定的了解。内容提要不是目录的翻版，不是序和前言的摘要，也不是书评，更不是广告。

9. 前言

前言主要用来说明作者在编写该书时的意图、意义、主要内容、全书重点及特点、读者对象、有关编写过程及情况、编排及体例、适用范围、对读者阅读的建议、再版书的修订情况说明、介绍协助编写的人员及致谢等情况，一般附在正文之前的短文页（图 2-16），也有附在书尾的后面称为后语页或后记、跋、

内 容 提 要

水域孕育了城市和城市文化，并成为城市发展的重要因素。本书共分为七章，主要从滨水景观设计概述、滨水景观的设计要素、滨水景观的设计类型、滨水景观设计与亲水设施、滨水景观设计与生态可循环、滨水景观设计的细节处理、滨水景观设计的发展趋势来具体讲解滨水景观设计。本书图文并茂，并配有小贴士，让读者在学习之余拓展知识面。每一章节均有相关案例，以更深刻地讲解滨水景观的设计。本书可作为高等院校景观规划与设计、风景园林、环境艺术设计及相关设计专业的教材，也可作为相关从业人员的参考用书。

图 2-15 内容提要

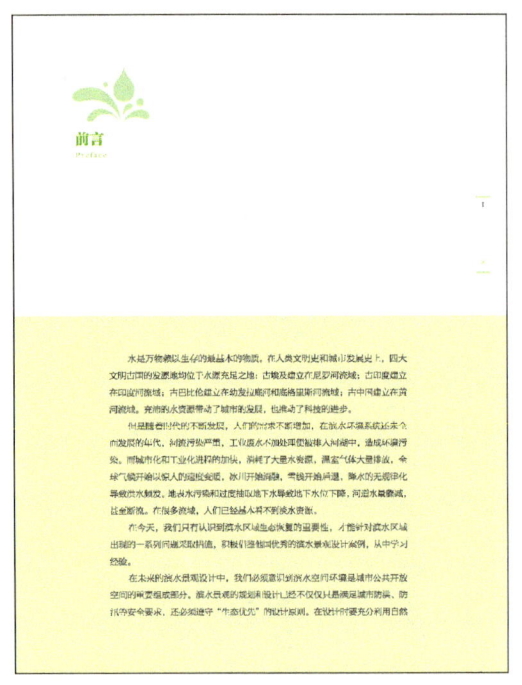

图 2-16　前言

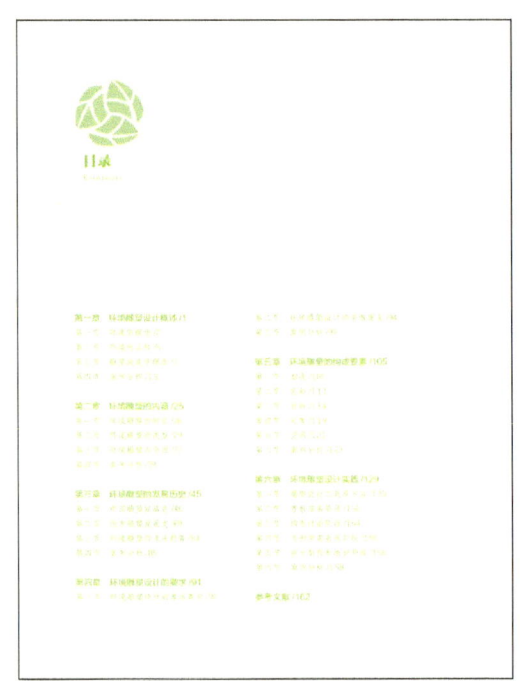

图 2-17　目录

编后语等。文章中的前言多用以说明文章主旨或撰文目的，也可以理解成所写内容的精华版。

10. 目录页

目录（图 2-17），是指对书籍正文所记载的目次，所以目录又叫目次。目录页通常放在正文的前一页，是全书主要内容的纲领。目录摘录全书各章节标题，表示全书结构层次，以方便读者检索。

（1）字体。

目录中标题层次较多时，可用不同字体、字号、色彩及逐级缩格的方法来加以区别，设计要条理分明。

（2）三级目录与正文层次。

三级目录与正文层次如图 2-18 所示。

11. 参考文献页

参考文献是在学术研究过程中，对

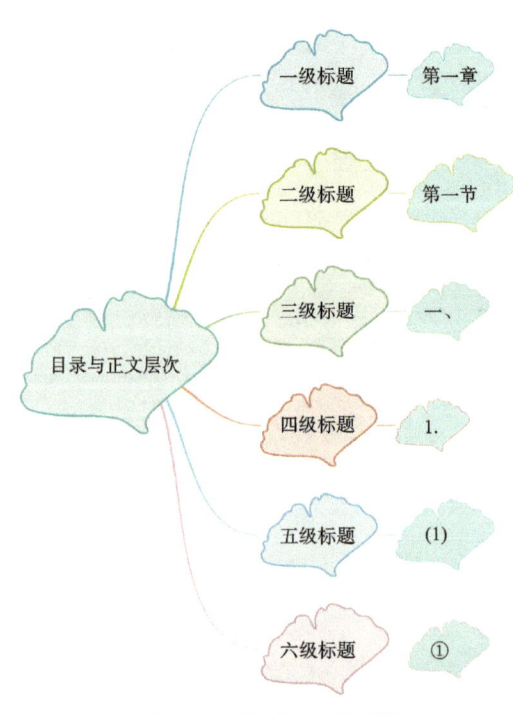

图 2-18　目录与正文关系图

某一著作或论文的整体的参考或借鉴（图 2-19）。参考文献页是标出与正文有关的文章、书目、文件并加以注明的专页，通常放在正文之后。其字号比正文文字小。

12. 其他

（1）环套。

环套也称为腰封，包绕在护封的下部，高约5 cm，主要是将补充内容介绍给读者，还有装饰和促销功能（图2-20）。

（2）书盒。

书盒用来放置比较精致的书籍，目前大多数用于丛书或多卷集书。它的主要功能是保护书籍，便于携带、馈赠和收藏（图2-21）。现代精装书的书盒有两种形式：一种是开口书匣，用纸板五面订合，一面开口，当书籍装入时正好露出书脊，有的在开口处挖出半圆形缺口，以便于手指伸入取书，这种形式也称为函套。还有一种书盒，即在开口处加上盒盖，盒盖的一边可以与盒底相连。书盒通常用普通板纸制作，用其他材料作裱糊装饰。也有用木板做书盒，在上面雕刻文字和图形。

第二节

书籍装帧设计原则

书籍装帧设计原则主要包括整体性、独特性、趣味性和艺术性。

1. 整体性

装帧设计的整体性原则，包含了美学趣味的统一、形式与书籍内容的统一、艺术与技术的统一（图2-22）。从广义上来说，书籍的装帧应从书籍的性质、内

[1] 新视角文化行. Flash CC 从入门到精通 [M]. 北京: 人民邮电出版社, 2016.
[2] 鄂巧莲. Flash CC 案例应用教程 [M]. 北京: 电子工业出版社, 2017.
[3] 文杰书院. Flash CC 中文版动画设计与制作 [M]. 北京: 清华大学出版社, 2017.
[4] 杨雪静, 胡仁喜, 等. Flash CC 中文版入门与提高实例教程 [M]. 北京: 机械工业出版社, 2016.
[5] 孔祥亮. Flash CC 动画制作案例教程 [M]. 北京: 清华大学出版社, 2016.

图 2-19 参考文献

图 2-20 环套

图 2-21 书盒

容出发,将书籍的内容与形式作为一个整体来进行设计。

从狭义上来说,书籍装帧的各环节应成为一个整体,从整体上去考虑、处理每一个环节的设计,即使是一个装饰性符号、一个页码或图序号也不能例外。这样,各要素在整体结构中凸显出比单体符号更大的表现力,并以此构成视觉形态的连续性,诱导读者以连续流畅的视觉流动性进入阅读状态。

2.独特性

每本书在内容编写与设计形式上都有所不同,这也决定了每一本书都有自己的个性(图2-23)。这种个性也与装帧设计存着一定的关联。独特性原则要求在

书籍装帧设计中突出书籍自身的优势,又要与时代背景相结合,将新的设计思想与社会观念融入设计中,使得书籍作品具有独一无二的风格。

3.趣味性

趣味性指的是在书籍形态整体结构和秩序之美中表现出来的艺术气质和品格。具有趣味性的作品更能吸引读者,它常常以轻松、幽默的手法引起读者阅读兴趣(图2-24)。

4.艺术性

书籍装帧设计是绘画、摄影、书法、篆刻等艺术的综合产物,它通过文字、图形、色彩来体现书籍设计的本体美,使读者获得知识,同时也得到美的享受

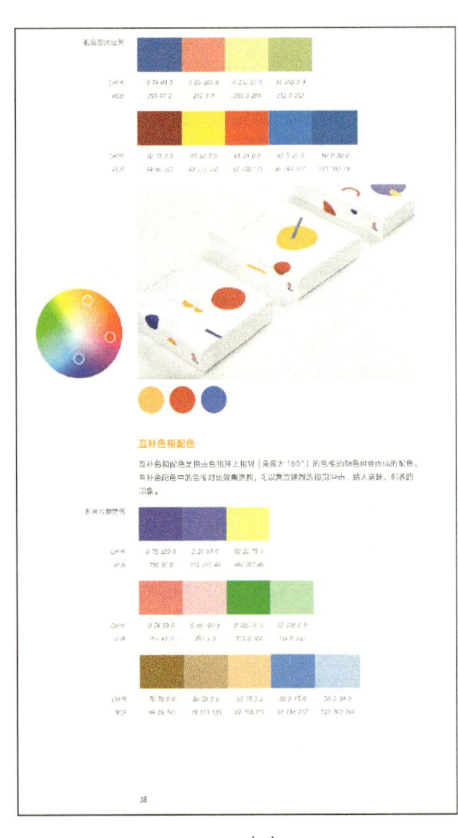

(a)

(b)

图2-22 整体性设计原则

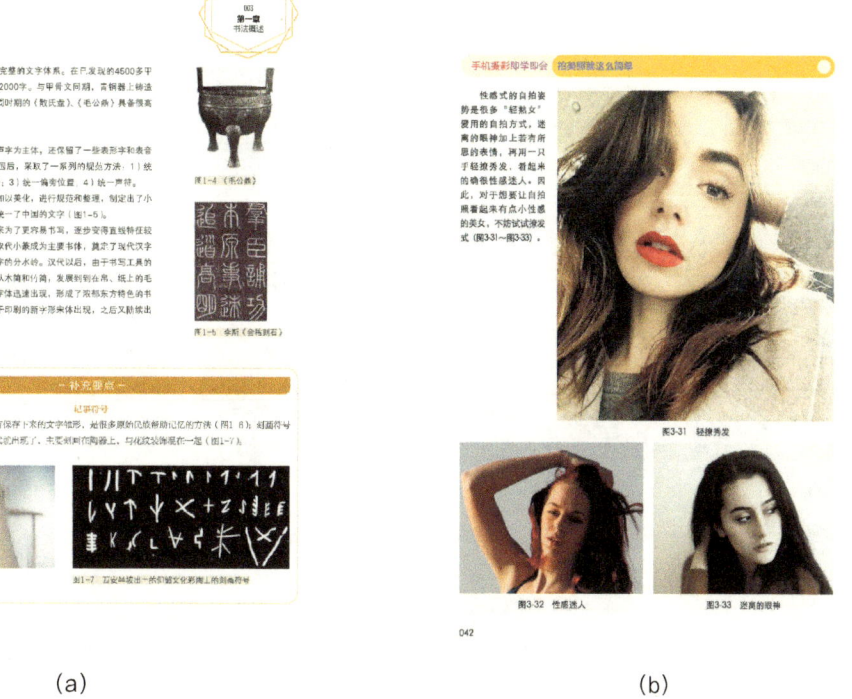

(a)　　　　　　　　　　　　　　　　　(b)

图 2-23　独特性设计原则

（图 2-25）。要在书籍形态的设计中，使文字、图形等元素在和谐共生中产生超越知识信息的美感，产生秩序之美，设计师必须通过视觉创意来表现对书稿

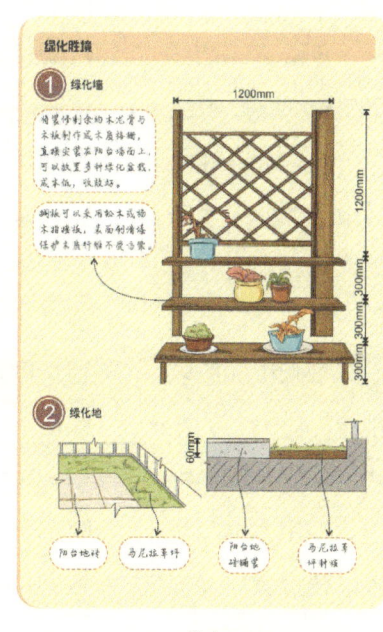

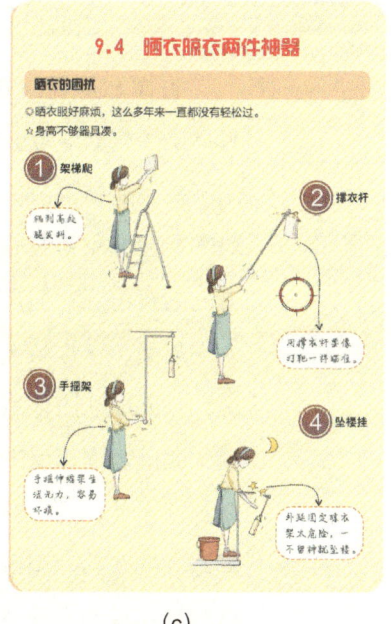

(a)　　　　　　　　　　　(b)　　　　　　　　　　　(c)

图 2-24　趣味性

(a)绘画   (b)摄影   (c)书法

图 2-25　艺术性设计原则

的理解，以巧妙的构思体现书稿的精神内涵，用设计的魅力为书籍增光添彩，显示出设计的艺术性和文化性，使书的设计艺术达到新的境界。

第三节

书籍封面设计

封面设计在一本书的整体设计中具有举足轻重的地位。封面是一本书的脸面，是不说话的推销员。封面设计的优劣对书籍的社会形象有着非常重大的意义。一本书的内容再好，但是如果没有一个能吸引人的封面，它也会被埋没在书架上。所以说，封面设计应该具有视觉冲击力，能在第一时间抓住读者的视线。对于色彩类书籍封面设计，要在封面上体现出本书与色彩之间的联系。用最感人、最形象、最易被视觉接受的设计方式，在有限的画面中诱发读者丰富的联想，满足读者的审美需要。

ELLE 杂志的封面设计是行业内有目共睹的优秀作品，无论是在色彩搭配、版面形式还是吸引力方面都非常引人注目（图 2-26）。

封面设计既要符合书籍的内容、气质、特色，有其从属性，又作为一种艺术创作，有其相对的独立性。特别是立意新颖、内涵丰富、绘制讲究、材质精良的优秀封面，本身就是值得鉴赏的美术作品。

黑格尔说："想象是一种杰出的本领。在生活中，绵长的横线使人想到开阔，挺拔的直线使人想到崇高，粗犷的线使人感到倔强，柔细的线使人感到纤弱……"设计者要在强烈感受、深刻理解书稿的内涵、风格、体裁的前提下，做到构思新颖、切题，有感染力。在封面上采用比拟、象征、暗示、讽喻等手法表现主题。

(a)

(b)

(c)

图 2-26　封面设计

一、字体设计

字体是封面的重要内容，封面上的文字是读者了解一本书内容的开始。往往读者第一眼看到的并不是文字，而是封面的版面形式或者精美的图片，但是，封面上的书名、署名、出版社名都是重要的文字信息，而书名的造型设计更是书籍装帧设计的重要内容。

在封面设计中，有的是纯文字设计而没有图形，它需要考虑的是文字之间的配合、文字的合理编排、字体字号的正确选择。可根据构成的需要和书的风格把充满活力的封面字体视为点、线、面来排列组合（图 2-27、图 2-28）。

字体的设计在封面构图中也很重要，有时甚至是主要对象。美术字、铅字的各样字体，毛笔字的各种字体及书写，都对封面构图的整个艺术效果起着渲染书稿特性、增加形式的作用，不可任意为之。

封面文字中除书名外，均选用印刷字体。书名常用的字体分为书法体、美术体、印刷体三大类。

1. 书法体

书法体笔画间追求无穷的变化，具有强烈的艺术感染力和鲜明的民族特色以及独到的个性，且字迹多出自社会名流之手，具有名人效应，受到广泛的欢迎（图 2-29）。

2. 美术体

美术体又可分为规则美术体和不规则美术体两种（图 2-30）。规则作为美术体的主流，强调外形的规整，点划变化统一，具有便于阅读、便于设计的特点，但较呆板。不规则美术体则在这方面有所不同。它强调自由变形，无论从点线处理或字体外形均追求不规则的变化，具有变化丰富、个性突出、设计空间充分、适应性强、富有装饰性的特点。不规则美术体与规则美术体及书法体比较，既具有个性，

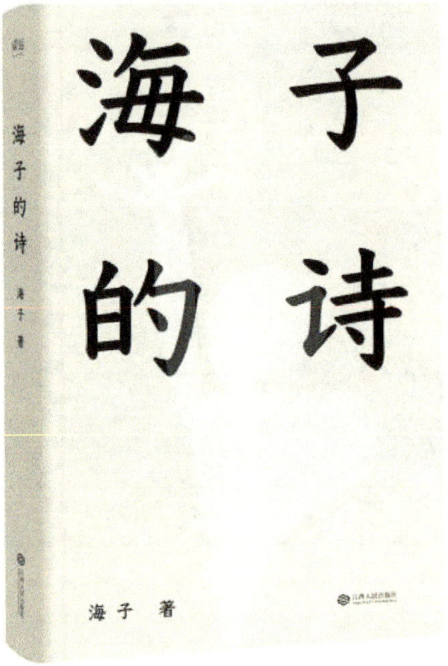

图 2-27　纯文字设计

图 2-28　图文结合设计

又具有适应性。

3.印刷体

印刷体沿用了规则美术体的特点，早期的印刷体较呆板、僵硬，现在的印刷体在这方面有所突破，吸纳了不规则美术体的变化规则，大大丰富了印刷体的表现力，而且借助计算机的印刷体处理方法既便捷又丰富，弥补了其个性上的不足（图2-31）。

二、色彩设计

能否恰当运用色彩是封面设计成败的关键。因为色先于形，尤其是在远距离识别上，要注意色彩面积、色相、纯度及明度等要素的处理。设计中既要把握主色调，运用不同的色调来处理不同的画面，也要将各种因素有机结合，运用色彩对比、调和关系，充分体现书籍的内容和风格（图2-32）。

图 2-29　书法体

图 2-30　美术体

图 2-31　印刷体

(a)

(b)

(c)

图 2-32　封面色彩设计

每个人对色彩的感知度不同，对色彩的认知也有所不同。康定斯基说过："色彩对人这样的有机体能产生巨大的作用，并且直接影响着精神。"这是不容置疑的事实。心理实验表明，不同的色彩有不同的情绪反应，并使人产生联想。正是色彩具有影响人的心理并能调动和激发人的情绪，引起精神上的共鸣，才使其在书籍封面艺术设计中具有强烈、迷人的魅力（图 2-33）。

在书籍封面设计中，特别是在色彩的设计上，色彩的组合设计能达到意想不到的效果。如对比色、互补色、间色、复色等，当多种色彩在画面上达到和谐统一后，整个画面具有美感（图 2-34 ～图 2-37）。读者能从画面中感受到封面色彩设计所传递的信息。不同的色彩组合形式，能够使封面给人带来不同的视觉感受。

(a)

(b)

图 2-33　色彩情绪设计

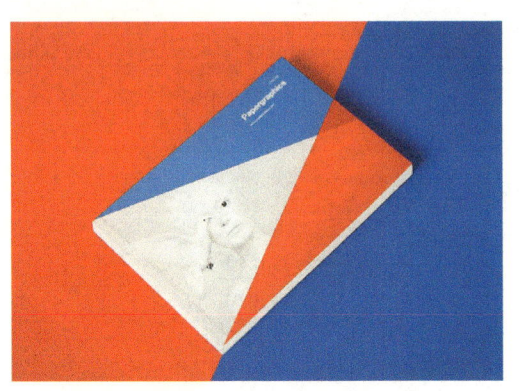

图 2-34　对比色

图 2-36　间色

图 2-35　互补色

图 2-37　复色

三、图形设计

封面上一切具有形象的都可称之为图形，包括摄影、绘画、图案等，分写实、抽象、写意、装饰等。

书籍封面的图形可以是具象的，也可以是抽象的、装饰性的，或是采用漫画的形式，设计师要根据书籍的内容和主题来选择适当的图形表现（图 2-38）。现代封面设计因为运用了计算机、摄影技术，图形经过计算机图像软件综合处理，出现

(a)

(b)

(c)

图 2-38　封面图形设计

图 2-39　人物封面设计

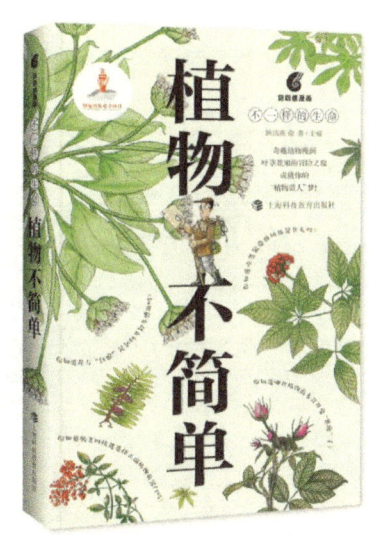

图 2-40　动物封面设计

图 2-41　植物封面设计

了许多新的表现语言,画面变得更加细腻、丰富,层次感更强。

　　封面的图片以其直观、明确、视觉冲击力强、易与读者产生共鸣的特点,成为设计要素中的重要部分。图片的内容丰富多彩,最常见的是人物、动物、植物等,以及一切人类活动的产物(图 2-39 ~图 2-41)。

　　图片是书籍封面设计的重要环节,它往往在画面中占很大面积,成为视觉中心,所以图片设计尤为重要。一般青年杂志、女性杂志均为休闲类书刊,它的标准是大众审美,通常选择当红影视歌星、模特的图片作为封面(图 2-42)。

　　科普刊物选图的标准是知识性,常选用与大自然有关的、先进科技成果的图

(a)

(b)

图 2-42　休闲类书刊

图 2-43　科普刊物封面

图 2-44　体育杂志封面

片（图 2-43）。而体育杂志则选择体坛名将及竞技场面图片（图 2-44）。

　　新闻杂志选择新闻人物和有关场面，它的标准既不是年轻貌美，也不是科学知识，而是新闻价值（图 2-45）。摄影、美术刊物的封面选择优秀摄影和艺术作品，它的标准是艺术价值（图 2-46）。

四、封面设计基本流程

1. 构思

　　书籍装帧设计的重要部分就是封面设计。封面设计是视觉艺术，它的立意应

图 2-45　新闻杂志封面

图 2-46　摄影刊物封面

该通过有特点、有启示、有寓意、有联想的图形或文字编排来体现，切忌简单图解。封面设计要在视觉上和心理上用引起读者美感的艺术语言来传递全书的内涵。

构思是封面设计的第一步，也是书籍装帧设计中最重要的环节。中国画主张"意在笔先"。所谓"意"就是构思，构思是创作造型的灵魂。因为每本书籍的装帧设计有它的自身的寓意，设计师必须根据其寓意内容进行构思、创作，也就是要求设计者创造出独特的艺术意境。

书籍装帧设计的第一步就是设计者必须熟悉书的内容。优秀的书籍设计，在于把握内容精神的准确传达。如果是文学书籍，封面设计师还要了解作者的意图，体味文字所带来的感受，从而提炼出整本书的风格特点。对同一作者的系列丛书或同一时期不同作者的系列书籍，不仅要把握作者的意图，还要了解作者的时代背景，也可以借助其他学术评论加深了解。总之，书籍设计与绘画作品不同，它是从属于书籍的，必须反映书的内容、性质和精神，否则，就谈不上书籍设计。

例如，《青年文摘》是一本面向全国，以青少年为核心读者群的文摘类综合刊物。书中主要内容来自报纸、期刊、图书等大众媒体的名篇佳作，重在为青少年打造一个丰富生动、健康向上的精神空间。在封面设计上大多以风景、抽象人物为设计主体（图2-47）。其人物形象多以青年男女、儿童为原型，与书籍的主旨相符合。

2. 构图

构图是把构思中形成的形象在画面上组织起来进行编排，即在一定的格式内进行文字、图形的布局。常见的构图形式可分为垂直式、水平式、双竖式、交叉式、向心式、回字式、"T"式、"L"式、"Z"式、放射式十大类。设计师可在这个基础上再进行组合设计，使书籍封面的形式感更加丰富多彩。但是，在构图中不能喧宾夺主，构图是为了突出设计主题，而不是绘画设计（图2-48）。

49

(a)

(b)

(c)

图2-47　《青年文摘》封面设计

(a)

(b)

(c)

图 2-48　主题性封面设计

小贴士

装帧设计的表现手法

1. 具象手法

运用写实性手法，使读者能从直观形象中了解书籍的内容、性质，给人的印象是真实的、立体的。少儿类、科技类、通俗类书籍用此手法较多。具象的表现手法常见的有摄影手法，设计师的构思和计算机制作的配合，可使视觉形象更美好，也可以采用手绘水彩、水粉、喷绘等手段。

2. 抽象手法

用联想、比喻、象征等方法间接地体现书籍的内容、精神，其特点是高度概括、精练，给人的印象是广阔的、深远的、无限的。抽象的表现手法是以点、线、面来表现特征及构成形式，用点的聚散、线的疏密、块面的大小对比、色块的层次来表现。

第四节

案例分析——书籍封面设计

书籍的封面设计是一本书的精髓所在，它的好坏在一定程度上影响着书籍的销量。读者也能在封面设计中感受到设计的美感与魅力。首先，封面的设计风格定位十分重要，不同类型的书在定位上采取不同的设计形式与手法，重点突出书籍的主旨。其次，封面的色彩设计要满足不同的读者类型的需求，例如儿童图书的封面

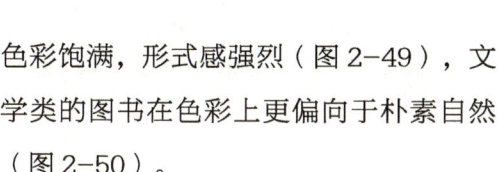

图 2-49　儿童图书封面设计

图 2-50　文学类图书封面设计

色彩饱满，形式感强烈（图 2-49），文学类的图书在色彩上更偏向于朴素自然（图 2-50）。

一、经济管理类图书的封面设计

经济管理类图书大多以商界名人作为学习榜样，以成功人士的亲身经历作为书籍的主要内容。而在封面设计上，通常会以成功人士的个人形象作为封面主体设计。

1. 马云《马云：未来已来》

马云于 1988 年毕业于杭州师范学院外语系，同年担任杭州电子工业学院英文及国际贸易教师，1995 年创办中国第一家互联网商业信息发布网站"中国黄页"，1998 年出任中国国际电子商务中心国富通信息技术发展有限公司总经理，1999 年创办阿里巴巴，并担任阿里集团 CEO、董事局主席。

马云是阿里巴巴集团的主要创始人，现担任阿里巴巴集团董事局主席、日本软银董事、大自然保护协会中国理事会主席兼全球董事会成员、华谊兄弟董事、生命科学突破奖基金会董事。

本书全面阐释了马云对电子商务、数据时代、未来技术以及社会变革的思考和畅想，详细解读了未来十年乃至未来三十年的战略规划和发展前景。马云对未来十年中国乃至世界的产品升级、产业升级和人的智慧升级作出了全面分析和惊人预测。在展望未来之余，马云还多维地分享了他关于公益活动、女性权益、环境保护、农村脱贫、打击假货等社会热点话题的观点和看法（图 2-51、图 2-52）。

在封面设计上，以人物为封面的主题设计，突出人物特色。因为整本书的内容是围绕着未来经济的发展趋势，而作为大数据下的佼佼者——马云，无论是从个人发展历程，或者是对社会经济的贡献，都是无可挑剔的。在色彩上，采用"黑白灰"色彩的底色，显示出低调、简约美。

2. 刘强东《我的创业史》

本书系统讲述了刘强东的成长与创

图 2-51　前封设计

图 2-52　后封设计

小贴士

封面设计要素分析

1. 宁简勿繁

简洁可使封面设计意图明确，而明确的图形会具有很强的视觉冲击力。要尽量用较少的设计元素营造丰富的画面。去掉一切多余的东西，不要把设计语言说完，要把想象的空间留给读者。

2. 宁稳勿乱

封面设计要清新活泼，有现代感，但其含意是指设计整体中的一种关系。一个封面中的设计元素，只要有一两个是动态的，就能显出很强的动感来。如果所有的元素都处于不稳定状态，那就是乱，而不是活泼。

3. 宁明勿暗

封面采用明快的颜色能够让读者在阅读的过程中感到身心愉悦。颜色过于暗淡，容易给人一种模糊的错觉。

4. 阐述清晰

掌握一些专业语汇、名词和概念。在设计封面时避免出现读者对文字的表述有歧义的情况。

图2-53 封面设计

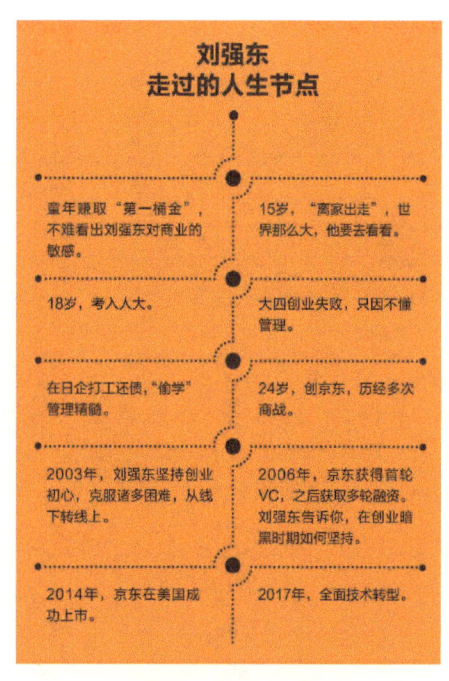

图2-54 内文介绍

业经历，客观地披露了刘强东创业过程中一些鲜为人知的故事，并对过往几十年的人生进行了详实具体的总结与展示，包括其经营理念和商业价值观（图2-53、图2-54）。

在封面布局上，采用图文结合的编排方式，文字清晰明了，阐述了整本书的主要观点——"创业史"。而图片则是对文字的解释，简简单单的人物图片，说明了"创业者是谁"这个问题，在版面设计上十分巧妙。而内文的介绍性关系图，十分详细地介绍了创业的方式、时间以及创业的结果。

二、绘画类图书的封面设计

绘画类书籍是近几年较为热门的一类书籍，也是众多学生、青少年喜爱的一类书籍。读者既能从中找到绘画的乐趣，还能从中学习到一些绘画的专业技巧，这类书也是许多家长愿意选购的书籍（图2-55、图2-56）。

图2-55（a）为人物速写题材的封面。从字面意思就可以看出，绘画的主要对象是人像，在封面设计上，以女性头像为封面主要内容，以图片来揭示书籍主旨。

图2-55（b）为创意速写。主要体现在"创意"二字，所以在封面设计上，插图形象更多地体现在"创意"二字上，在布局上更加灵活。

在图2-55（c）中，场景速写不是固定的某种思维模式与绘画模式。在封面设计上，版面形式更加丰满有趣，每一幅插图都代表着一个场景，简单生动。

在图2-56（a）中，绘画类书籍在设计封面时，大多采用自主设计，灵活的版面形式让卡通形象更加富有动感。

图2-56（b）为后封设计。它一般与前封的风格相似，两者之间形成一个整体设计，在色彩上尽量互相配合。

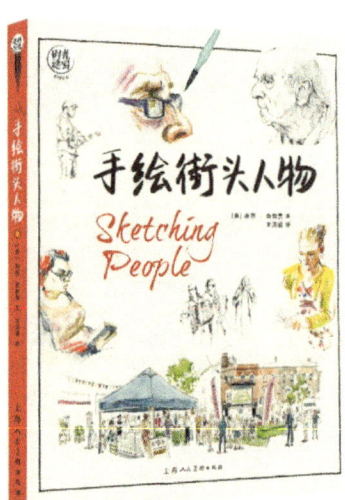

（a）人物速写　　　　　　　　　　（b）创意速写　　　　　　　　　　（c）场景速写

图 2-55　绘画类图书的封面设计

（a）前封　　　　　　　　　　　　（b）后封

图 2-56　绘画类书籍的封面设计

本 / 章 / 小 / 结

　　本章作为书籍装帧设计的重要内容，全面介绍了书籍的组成部分，让读者在学习的过程中对书籍装帧设计有一个大致的知识框架体系，为之后的应用作铺垫。封面设计作为书籍装饰设计的重要知识点，在本章作了重点讲解。

思考与练习

1. 书籍的构成元素有哪些？

2. 平装书与精装书的封面有什么不同之处？

3. 书脊的作用是什么？

4. 环衬页一般在书籍的第几页？作用是什么？

5. 版权页一般包含哪些内容？

6. 书籍装帧的设计原则有哪些？

7. 封面设计主要分为哪几个方面的内容？

8. 常用于书名的字体分为哪几类？请举例说明。

9. 请简要阐述封面设计的基本流程分为哪几步？

10. 以某本书为例，简要概述其封面的字体设计、色彩设计、图形设计的要点。

第三章
书籍装帧版式设计

学习难度：★ ★ ★ ☆ ☆

重点概念：概念、设计原则、设计法则、插图设计

章节导读

版式设计是视觉传达设计的重要组成部分，是平面设计所依赖的表现形式。在科学技术飞速发展的今天，作为视觉传达领域中非常重要的书籍装帧设计，版式设计在其整体设计中所发挥的作用日益突出。书籍装帧版式设计以其超强的表现力，越来越显示出其独特的功能和实用价值（图3-1）。

图 3-1　书籍的版式设计

第一节
版式设计概念

书籍装帧中的版式设计主要是指书籍正文的全部格式设计。除此之外，它还包括书籍的封面、环衬、扉页、前言等要素的设计。

一、版式设计概述

书籍装帧设计包含众多的设计要素，如文字、图形、色彩、符号等。如何将这些设计要素合理地安排在一个版面中，使其能够更明晰地烘托书籍的特点，是书籍版式设计的一项重要内容。

设计师将书籍的作者、编辑、原著思想、艺术风格、民族特色、时代精神以及读者情趣进行适当的整理组合，处理好个体之间的关系。版式设计是书籍装帧设计的灵魂，只有当书籍装帧设计有一个总体布局构想，书籍的各种构成要素之间才能和谐统一，形成一个整体的设计。

版式设计就是要对传达内容的各种构成要素予以必要的安排，在视觉上进行关联与配置，使这些要素和谐地出现在一个版面上，构成相辅相成、具有活力的有机组合，从而传达出正确的信息，并能更好地烘托书籍的内容与阅读氛围，使读者在视觉上获得美的享受（图 3-2）。

倘若一本书构图合理，设计新颖，版式精美，从功能的基础上就透露出艺术审美价值，这也是一本书的版式设计的成功所在。若一本书内容充实，图片丰富多彩，但是在排序上杂乱无章，各个要素之间没有关联，这样的书籍会让读者丧失阅读兴趣。一本书的设计方案要从全书的整体出发，使每个局部既具有个性，富于变

图 3-2 版式设计

化，又和谐统一，完整有序，给人以节奏感与韵律感。

二、版式设计风格

1. 古典版式设计

自五百多年前德国人古腾堡确立欧洲书籍艺术以来，古典版式设计至今仍处于主要地位。这是一种以订口为轴心左右页对称的形式，其内文版式有严格的限定，字距、行距有统一的尺寸标准，天头、地脚、内外白边均按照一定的比例关系组成

一个保护性的框架（图 3-3）。此外，文字油墨深浅和嵌入版心内图片的黑白关系都有严格的对应标准。

2. 网格版式设计

网格设计产生于 20 世纪初，于 20 世纪 50 年代在瑞士得到完善。网格版式设计通过运用数学的比例关系，严格将版心划分为无数统一尺寸的网格，把版心的高和宽分为一栏、二栏、三栏等，由此规定了一定的标准尺寸。运用这个标准尺寸

(a)

(b)

图 3-3 古典版式设计

小贴士

网格版面设计运用数字的比例关系，通过严格的计算，把版心划分为无数统一尺寸的网格。

古腾堡

古腾堡被西方认为是活字印刷术的发明者。他发明了由铅、锑、锡三种金属按科学、合理的比例熔合铸成的铅活字，并采用机械方式印刷而成就显著。印制的其他印本图书有《圣经·诗篇》（1457年）、《三十六行圣经》（1460年前）和《万灵药》（1460年）等。他的发明包括铸字盒、冲压字模、铸造活字的铅合金、木制印刷机、印刷油墨和一整套印刷工艺。

安排文字和图片，可使版面取得有节奏的组合，产生优美的韵律关系，未印刷部分则成为印刷部分的背景（图3-4）。

网格版式设计分为正方形网格、长方形网格、重叠网格、栏目宽度不同的网格、有重点的网格等形式。设计师根据所设计书籍杂志的类型来选择不同的网格形式（图3-5）。

与古典版式设计相比，网格版式设计显然是以一种完全不同的设计原则为基础的。它的特征是重视比例感、秩序感、连续感、清晰感、时代感和正确性，是以理性为基础的，与以感性为基础的自由版式设计形成了强烈的对比。

3. 自由版式设计

自由版式的雏形源于未来主义运动，"未来主义"的称谓来源于1909年意大利未来派诗人费里波·托马索·马利内特，在《费加罗》报上发表的《未来主义宣言》。未来主义者受当时欧洲流行的无政府主义思潮的影响，他们歌颂技术之美、战争之美、现代技术和速度之美。未来主义艺术家设计了大量平面设计作品，形成了自己的平面设计风格，被称为"自由文字"。这时，文字的传统功能被颠覆了，它跨越了表达内容的重要功能，被认为是视觉符

(a)

(b)

图3-4　网格版式设计

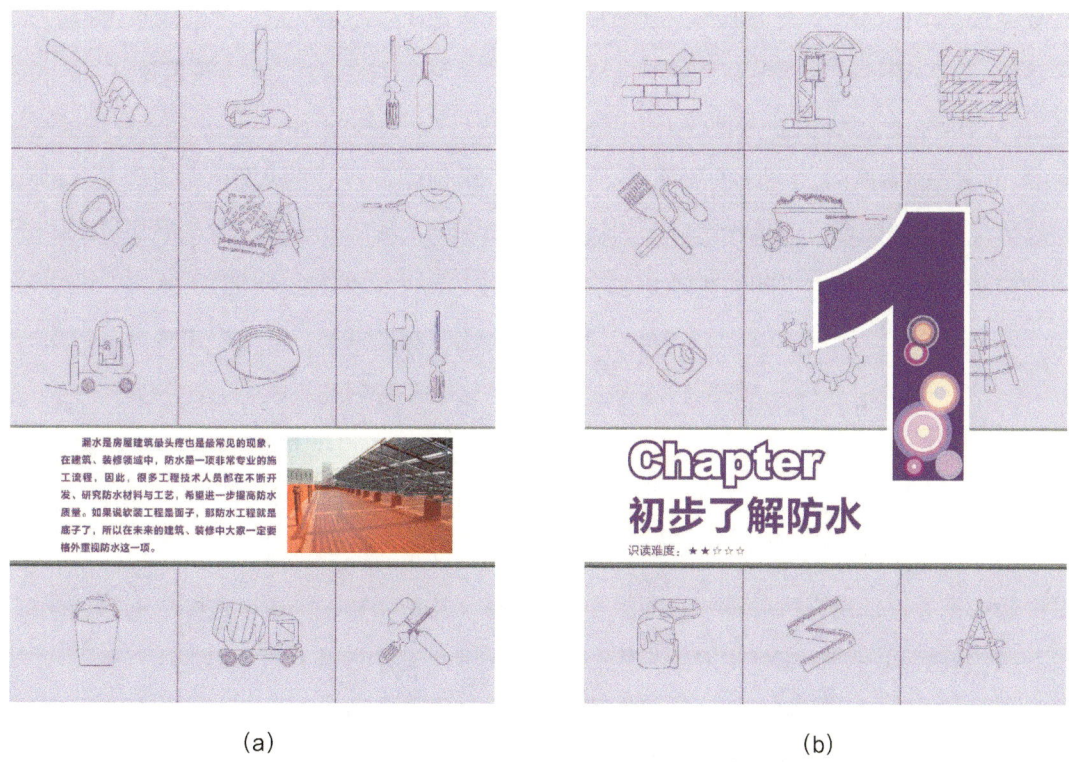

(a)   (b)

图 3-5　网格类型设计

号的元素，成为类似绘画图形一样的结构材料，人们可像绘画构图一样自由安排和布局画面，不受任何固有的原则限制（图3-6）。

费里波·托马索·马里内特撰写了大量的诗歌。他的诗歌在编排上纵横交错、

(a)   (b)   (c)

图 3-6　自由版式设计

杂乱无章、字体各样、大小不一，以抛弃和谐作为一种设计特征，在一个版面上可以有三四种油墨色彩和二十种字样，用动态的、非直线的构图突出文字的象征意义。如斜体代表快的印象，黑体代表剧烈的噪声和声音，从而增强文字的表达能力。

第二节

版面设计方式

版面设计的形式大致分为两种：一是有版心设计；二是无版心设计。有版心设计即传统版面设计，它是由白边与版心组成的，版面上除去周围白边，剩下的以文字和图片为主要组成部分的就是版心（图3-7）。文字、插图、页码、书眉等元素均要受到版心的影响。版心一经确定就将运用到整本书籍，不能随意更改。

版心与白边的大小成反比关系：版心大了，白边就小；版心小了，白边就大。采用何种版心主要根据正文内容来决定，如一些书稿内容太多，避免书脊过厚，就用大版心节省版面。诗歌、休闲、散文等生活时尚类书籍，往往白边较大，给人一种轻松、悠闲的气氛。

无版心设计也称满版设计，是一种没有固定白边，文字与插图不受版心约束，在版面中可以根据构图需要自由设计的形式。儿童读物、画册、摄影等书籍多采用无版心设计方式（图3-8）。

文字、图形、色彩在版式设计中是三个密切相连的表现要素，就视觉语言的表现风格而言，在一本书中要求做到三者相互协调统一。书籍本身有许多种形式，

(a)

(b)

图3-7　有版心设计

图3-8 无版心设计

在版式设计上要求各异。

一、以文为主的版式设计

一般以文字为主的书籍，也有少量的图片，在设计时要考虑书籍内容的差别，一般采用通栏或多栏的形式，可以较灵活地处理好图片与文字的关系（图3-9）。

方形图式是图片中最基本、最简单、最常见的表现形式。它能完整地表达主题，直接，有亲和力。方形图片构成的版面稳重、安静、严谨、大方，较容易与读者沟通。

"出血"是印刷用语，即画面充满、延伸至印刷品的边缘。出血图，即图片充满版面而不露出边框，具有向外扩张、自由、舒展的感觉。字首突出，往往是长篇内文的兴奋剂，可吸引读者涉猎下文，并强化记忆。

二、以图为主的版式设计

儿童书籍以插图为主，文字只占版面的很少部分，有的甚至没有文字。除插图形象的统一外，版式设计时应注意整个书籍视觉上的节奏，把握整体关系（图3-10）。以图片为主的版式还有画册、画报和摄影集等。这类书籍版面率比较低，

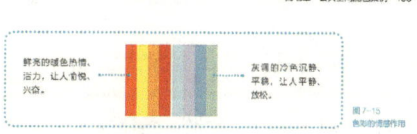

(a)   (b)

图3-9 以文为主的版面设计

64

(a)

(b)

图 3-10 以图为主的版面设计

在设计版面时要考虑好编排的几种变化。有些图片旁需要少量的文字，在编排上与图片在色调上要拉开，构成不同的节奏，同时还要考虑与图片的统一性。

三、单页插图的版式设计

正文版式的图文配合排列方式千变万化，配图需要与文中内容紧密结合。以图为主的插图占满整个版心，并且与邻页的文字面积尺寸相同的插图，称之为单页插图（图 3-11）。由于单页插图的面积较大，要求图与图之间的节奏不能太密集，间隔也不能太疏远。

这种版式的书籍，展开时一面是文字，一面是插图，且一般选用较好的纸张

(a)

(b)

图 3-11 单页插图

(a)　　　　　　　　　　　　　　(b)

图 3-12　图文并存的版式设计

印成单页，插入书内有关章节的中间。版面插图的大小及位置均按版心统一编排，以视觉舒适、空间搭配合理为佳。单页插入的位置最好考虑到装订技术，夹在书页两帖之间或一帖的对折处。这种形式一般适用于文艺读物，历史、地理类书籍和教科书。

四、图文并存的版式设计

图文相互依存的版面形式设计编排灵活、趣味性强。除了文字部分受版心外框的限制外，还受插图轮廓的影响。插图尽量要求图文对照，与有关文字排在同一面或相对面上，注意图文搭配在视觉上不影响文字的连贯性，尽量避免图文不在一个面上（图3-12）。

一般文艺类、经济类、科技类等书籍采用图文并存的版式。现代书籍的版式设计在图文处理上大量运用计算机软件进行综合处理，既方便省力，也出现了更多新的表现语言，极大地促进了版式设计的发展。图片自由地放置，具有轻松、活泼的特性，形成规范化的整体感，使版面获得相对的稳定性。可根据书的性质以及图片面积的大小进行文字编排，可采用均衡、对称等构图形式。

无论是纯文字或是由文字与插图组合的版面，都不仅仅是简单容纳图文的空间，而应让两者搭配适宜，一个完美的版面可以让读者感受到一种特有的美的意境。

第三节

版式设计原则与法则

俗话说："没有规矩不成方圆。"

任何一种设计形式都有自己的设计理论体系，书籍装帧的版式设计也不例外。在版式设计上，首先要纵观全局，在形式构成、色彩设计、图形设计上处理好精简、大小、疏密、虚实以及间隔等关系。其次，遵循版面内统一图文、动静结合、主次分明、视线流畅等设计原则。

一、版式设计原则

图文版式设计原则主要包括图文统一、动静结合、主次分明、视线流畅。

1.图文统一

图文统一是为了准确传达信息、突出主题（图3-13）。切忌各组成要素之间孤立分散，避免文字与图形的孤立性。版式设计的前提是版式所追求的形式感必须符合主题的思想内容，通过运用完美、新颖的形式来表达主题。有些设计者为了追求新奇独特的版面风格，采用了与内容不相符的字体和图形，设计效果往往会适得其反，这样的书籍自然也不会受到消费者的青睐。

版式中的文字排列要符合人体工学。太长的字行会给阅读带来疲劳感，降低阅读速度。在设计时要考虑到版式的空间强化，通过将文字分栏、群组、分离、色彩组合、重叠等变化来形成美感，从而达到统一的原则。

2.动静结合

版式设计要讲究生气才能引起人们注意。以动和静的对比贯穿于整个画面，可以使作品富有诗一般的韵律（图3-14）。过分强调动感的画面往往会层

图3-13　图文统一　　　　　　　　　　　　图3-14　动静结合

次不清，使读者眼花缭乱；而过分追求静感，难免呆滞刻板，缺乏活力。设计者应运用动与静的辩证统一关系，充分显示版式设计的美感和灵性。

3. 主次分明

版式设计过程中要主次分明，重点突出（图3-15）。版式设计的形式本身并不是设计的目的，设计是为了更好地传达信息，其最终目的是使版面产生清晰的条理性，用理性与美观的组织来更好地突出主题，引导读者视线的走向，方便读者对版面的理解和阅读。常用方法是按照主从关系的顺序，用放大的主体形象作为视觉中心，以表达主题思想，达到最佳诉求效果，所以只有抓住主要部分突出说明，如在位置、大小、色彩上的突出，才能使

整个版式设计有节奏、有秩序，从而突出主题。

4. 视线流畅

版式设计时要保证各组成要素之间在内容和形式上都要有有机的联系，实现在视觉上和心理上的连贯（图3-16）。视觉分配要符合人在认识过程的心理顺序和浏览顺序。以长方形画面为例，假如把整个画面的注意值定为100%，其中各个部分的注意值有明显差异。

人们在进行阅读时，视线有一种自然的流动习惯，最为普遍的就是从左到右、从上到下、从左上沿着弧线向右下方流动，这是人的视觉流程的一般规律。设计者通过构图安排，按照视觉分配规律，把作品中的视觉元素以主次、先后

图 3-15　主次分明

图 3-16　视线流畅

等顺序，通过位置、大小、色彩、空间等特征的布置和调整形成"视觉轨迹线"，引导读者按照设计者编排的方向和顺序进行阅读，能够更好地帮助读者理解书籍内容。

二、形式法则

版式设计的形式美必须遵循变化与统一、对比与均衡、虚实与呼应、节奏与韵律、重复与交错、比例与适度、秩序与变异等基本的美学法则，从而使读者产生视觉舒适感和心理上的愉悦。在大多数书籍版面都采用常规式版式设计的情况下，采用非常规式的版式设计就会引起设计者的兴趣，也能诱发受众的注意。形式法则包括对称与均衡、变化与统一、比例与空间、节奏与韵律。

1. 对称与均衡

对称的形态在视觉上能给人自然、安定、均匀、协调、整齐、典雅、庄重、完美等感受，符合人们的视觉习惯。版式设计上的均衡并非力学上的平衡，它是由形象的大小、轻重、色彩及其他视觉要素的分布作用于视觉判断而产生的平衡（图

3-17）。均衡的变化富于变化和趣味，它打破了对称的单调感，使版面具有生动、活泼等特点。

2. 变化与统一

变化与统一是指把存在反差的各个视觉要素在版面上排列在一起，能够把各种强烈对比的要素协调起来。它包括版面中的图片与文字的变化统一、大小的变化统一、黑白的变化统一、动势的变化统一（图3-18）。它能使主题更加鲜明，视觉效果更加活跃。在版式设计中，无论文字或图片的版面安排怎样变化，都要使版面在视觉上具有统一感。

3. 比例与空间

比例是局部与局部之间、局部与整体之间的数值对应关系。比例关系越小，版式越稳定，比例幅度越大，版式变化越强。各种比例关系的运用应视不同内容的需要而定，有时可打破一般的比例关系，使之更具新意（图3-19）。人们常说的"万绿丛中一点红"其实就是利用了这一形式法则，将诉求重点面积缩小，在大面积背景的衬托之下，反而更

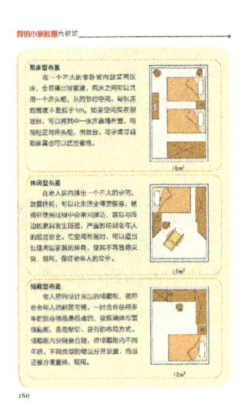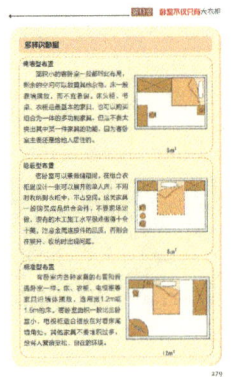

图3-17 对称与均衡

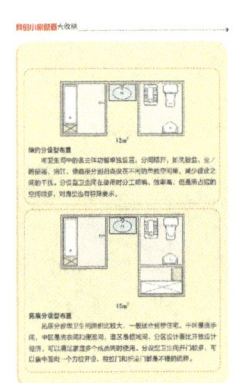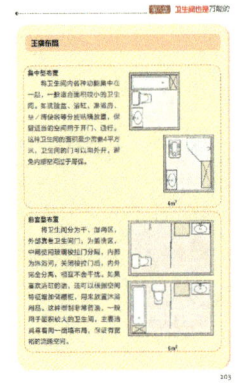

图3-18 变化与统一

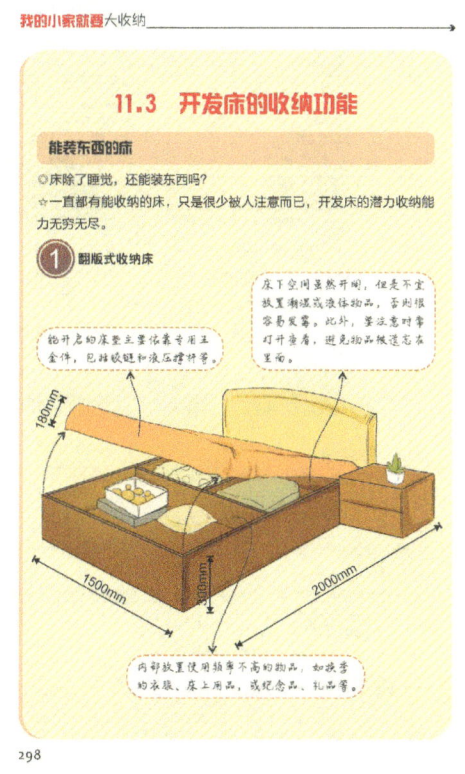

图 3-19　比例与空间

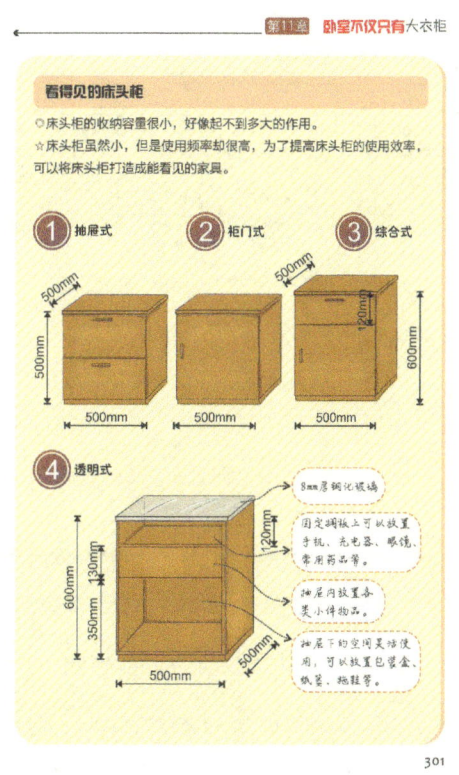

图 3-20　节奏与韵律

能起到凸显的目的。

4. 节奏与韵律

在进行图形处理和文字的变化时，其色彩变化与肌理变化同样可以产生节奏的变化（图 3-20）。视觉传达设计中的韵律主要是通过线的变化来体现的。在图形设计中，通过节奏变化可以使画面产生错位、律动、转折、迂回等变化，从而产生出抒情、唯美、流畅的视觉效果。

总之，一本好的书不仅要从内容上打动读者，同时还要引人入胜，在版面设计形式上推陈出新，将更多的创意性思维运用到书籍设计之中，从而使书籍装帧设计从形式到内容形成一个完美的艺术整体。

第四节
插图设计分类

插图是书籍的一个重要组成部分，它因文字而起源，伴书籍而产生。它较接近绘画作品，但又没有一幅画那样独立，也不像连环画那样连贯。它以造型艺术的多种形式和丰富的视觉语言去表达书的主题，解读和深化书的内涵，帮助读者加深对故事情节的理解。插图能够使复杂的内容简单化，抽象的内容具体化，直截了当地说服，帮助读者将晦涩难懂的问题看明白。

书籍插图在日本称为插画，应用广泛，除在书籍、报刊上大量使用外，在互联网网页动画中也经常使用，通过文学插

69

图 3-21　书籍插画设计

图 3-22　报刊插画设计

图的形式延伸到其他类别，在工业品与消费者之间形成亲和力，创造一个代言的人或物的作用，所起到中介沟通的作用比文字更直观、生动（图 3-21、图 3-22）。

　　文学作品的体裁和风格是多种多样的，所以插图所表现的形式和风格也极为丰富多彩。要求设计者必须深入地理解原作的主题思想，选择能够集中表达作品主要内容的场面和情节，用构图、线条、色彩等视觉要素形象地描绘出来，不仅可以提高读者阅读的兴趣，还能够加强文学书籍的艺术感染力，给读者留下深刻的印象。好的插图还必须和文学作品的体裁和写作风格相协调。

一、插图分类

　　书籍插图是将难以用文字表达的思想、信息，借助图形可以达到沟通、理解的效果，让读者从欣赏的乐趣中获得信息、知识。在信息化的今天，插图在书籍装帧设计中已占有特定地位。从图片类型上，插图可以分为商品形象插图、人物形象插图、动物形象插图三大类（图 3-23）。

1. 商品形象插图

　　商品形象插图主要用于以产品介绍为主要内容的书籍中，通过丰富的色彩与准确的造型，向消费者展示商品的特征与形象，使商品更具有直观性，用文字加图片的形式将商品直接联系起来，宣传效果十分明显（图 3-24）。

2. 人物形象插图

　　人物图片能够表现出亲切感，以人物为题材的插图，可以形成与消费者之间的互动（图 3-25）。首先，塑造的比例是重点，生活中成年人的头身比例为 1:7 或 1:7.5，儿童的比例为 1:4 左右，而卡通人常以 1:2

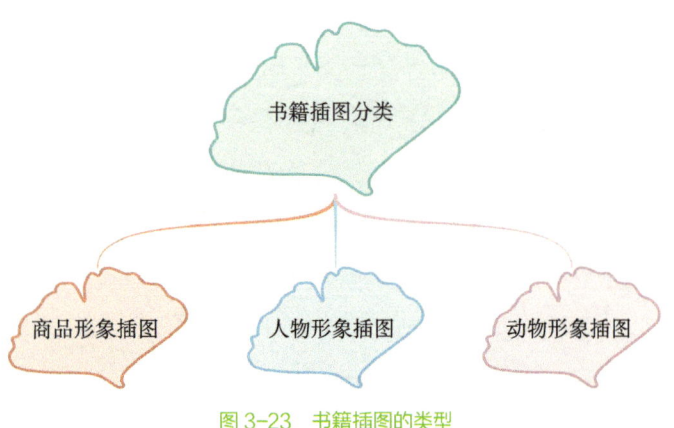

图 3-23　书籍插图的类型

图 3-24　商品形象插图　　　　　　　　　　图 3-25　人物形象插图

或 1:1 的大头形态出现，这样的比例可以充分利用头部面积来再现形象神态。人物的脸部表情是整体的焦点，因此描绘眼睛非常重要。其次，运用夸张变形不会给人不自然、不舒服的感觉，反而能够使人发笑，让人产生好感，整体形象更明朗，给人印象更深。

3.动物形象插图

在书籍中融入动物插画是较为常见的设计手法。现实生活中许多萌宠受到公众的欢迎，利用拟人化的设计手法将动物形象插入书籍中，赋予动物人类一样的笑容，使动物形象具有人情味。例如，捕捉小猫、小狗的微表情，将其融入到书籍中，会有意想不到的效果（图3-26）。

二、插图表现形式

阅读是人们获得知识和习得技能的重要手段，而书籍是阅读的对象，其内容和表现形式就显得尤为重要。书籍是人类的精神导师，与人类的发展史密不可分，

随着时代的进步，书籍的表现形式越来越空间化、多元化。而与之相伴的书籍插图表现形式也日渐丰富起来，书籍插图表现形式的多元化发展，在图书文化的发展进程中占有十分重要的地位。

1.具象插图

具象插图是指形象具体的、写实的插图，用富于感情色彩的手法来体现特定的内容。这类插图如实地表现内容特色，极具真实感，使受众通过具体的形象充分理解主题，书籍装帧中使用的摄影照片及写实性绘画都属于具象插图的范围（图3-27）。

2.卡通插图

卡通插图的特征是轻松、趣味、幽默和拟人化，因此这种插图极易使人产生亲切感，增强受众阅读的兴趣，吸引受众观看画面（图3-28）。

3.抽象插图

抽象插图是指用非写实的抽象化的视觉语言来表现书籍内容的插图。抽象插

图 3-26 动物形象插图

图用简洁的概括性抽象图形，再配以鲜明的色彩，能产生强烈的视觉效果（图3-29）。

三、书籍插图设计形式

插图是书籍装帧设计的构成元素之一。离开书，插图便失去了本质的意义，

图3-27 具象插图

图3-28 卡通插图

图3-29 抽象插图

插图设计者应时刻记住这一点。而装帧设计师也应让插图设计者充分了解书籍整体设计的设想，以便让插图真正成为书籍不可分割的一部分，从而实现装帧设计语言的完整表达。插图与文字结合的版面，其优点是版面活泼、富有生机，图文相映成趣，增加了阅读兴趣，但其难点是不易把握视觉能力的平衡和空间关系。

插图在版面中的设计形式一般有固定位置放图、单面独幅插图、文中插图三种类型（表3-1）。

表3-1　插图的设计形式

设计形式	设计方式	图　例
固定位置插图	即插图的比例、大小、尺寸、位置相同，往往用于中国的古书籍版式设计，如上图下文，与现代的连环画类似。这种黑白插图与文字统一协调、融为一体，是一种极好的插图形式	
单面独幅插图	即展开书籍时一面为文字，一面为插图，插图独占一版。设计时以视觉舒适、空间搭配合理为佳，但一本书所有的插图的编排要前呼后应，既要有创新意识，又要有统一的版式要求。插图的大小及位置要以文字版面为依据来定，设计的关键在于文字与插图的均衡关系，图文版式是按版心统一编排	
文中插图	插图与文字同时作为版面造型的元素，共同构成一幅完整的版面。这类版面设计除文字部分需依照版心的限制外，而某一行的文字长短则是以插图的轮廓变化而定。若图文搭配不当，将会给读者的视觉造成一种混乱感，影响前后文字的连贯	

第五节

案例分析——书籍版式设计

一、杂志类版式设计

下面以 *Futu* 杂志和 *Road* 杂志为例讲解杂志类版式设计。

1. *Futu* 杂志

杂志的设计包括形、字、色、构图，以丰富的表现手法和表现内容，使视觉思维的直观认识与视觉思维的推理认识获得高度的统一，以满足读者知识的、想象的、

图 3-30　杂志主页设计

主页是整本杂志的主要内容展示，包括文字、图片和色彩的相互结合，从而构成一本完整的、丰富多彩的杂志。杂志设计的主页主要是杂志页面的排版设计，主页内容的体现需要在一定的版面编排上进行美化，达到赏心悦目的效果，吸引读者的阅读欲望（图 3-30）。

常见的杂志目录有以文字为主和图文结合两种方式。它是杂志的第一张脸，通过目录可以看到整个杂志的设计构造体系，所以目录的设计应与每一期的主题相符合。目录中的图片是点睛之笔，它会决

审美的多方面要求，使客户对了解企业所推出的文化与产品一目了然。

定这期杂志成功与否。在选色上，不同的栏目选用不同的颜色作为底色，来突出与其他版块的不同之处。杂志的整体设计要大方，颜色不宜太死板，每期的主题颜色都要有点变化（图 3-31、图 3-32）。

资讯页是杂志中较为活跃的部分，这部分既要突出版面的形式感，又不可凌乱无章。运用动与静的辩证统一关系，充分显示版式设计的美感和灵性（图 3-33、图 3-34）。

在版式设计中突出重点，可以将图片作为单页插图的形式在视觉上重点突出。其次，颜色的深浅与图片的位置也可以展现出设计的主次。一般位于文字中间

(a)

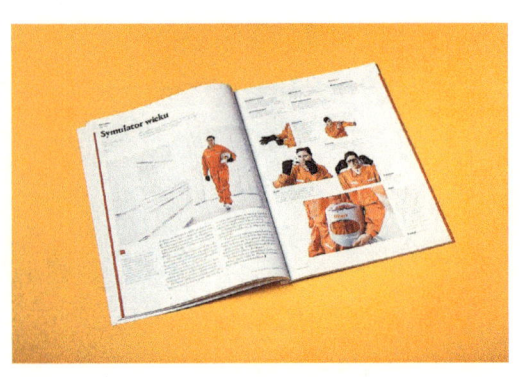

(b)

图 3-31　版面色彩分区

(a)　　　　　　　　　　　　　　(b)

图 3-32　统一图文设计

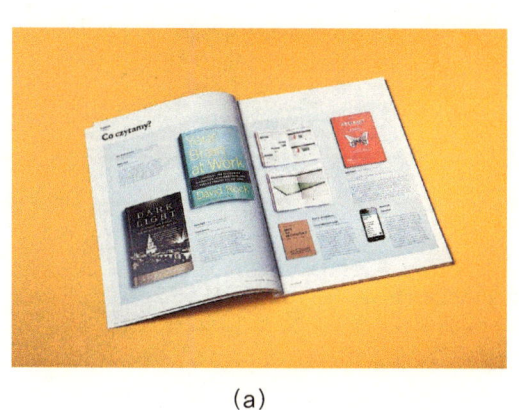

(a)　　　　　　　　　　　　　　(b)

图 3-33　动静结合设计

(a)　　　　　　　　　　　　　　(b)

图 3-34　视线流畅

的位置是中心点，也是阅读视线的主要区域（图 3-35）。

2. Road 杂志

突出刊名是杂志版式设计的重要内容，刊名最好将字体、位置、大小等方面做好定位，后期不再改变。这样设计的目的是让读者对刊名记忆深刻（图 3-36）。

首先，成功的版式设计不仅体现出优美的平面设计并反映时尚，也表达了设计者对作品的理解和认知。版式设计的艺术风格彰显设计者的理念与情感（图 3-37）。

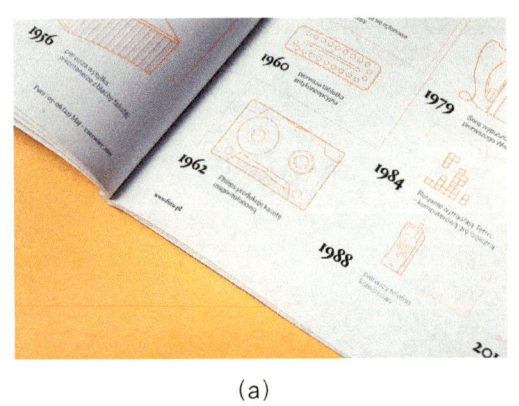
(a)

(b)

图 3-35　主次分明的设计

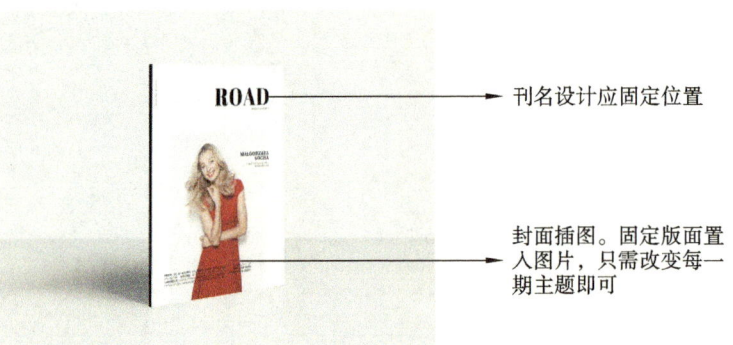

刊名设计应固定位置

封面插图。固定版面置入图片，只需改变每一期主题即可

图 3-36　杂志封面刊名设计

其次，杂志版式要以冲击视觉的设计编排去吸引读者。气韵灵动、生动活泼的版式不仅给读者带来愉悦的体验，更能激发读者在接收刊物、传递信息的过程中，萌发驾驭或利用这些信息的愿望，并与设计者产生理念和情感上的互动（图3-38）。

最后，在底色选择上，可以用黑、

(a)

(b)

图 3-37　版式设计风格

(a)

(b)

图 3-38 版式灵活设计

白、灰三色调整版面,使其产生缩小与扩张的视觉变化。通篇版式浑然一体,每页的版式却又各具特色,在传统版式的基础上让读者去感悟现代设计意识(图3-39)。

二、画册类版式设计

下面以香水目录画册和品牌礼服画册为例讲解画册类版式设计。

1. 香水目录画册版式设计

画册是各品牌商家宣传商品的一种营销手段,通常分为人物、动物、商品形象。香水是带有品位象征意义的物品,在插图上主要以年轻女性或年轻男性与商品图片为主,让人第一眼就记住这个商品给人带来的视觉感受(图3-40)。

在人物妆容上,不同的香水配合不同的妆容使用,以图片的形式还原香水给人的感受,十分直观明了。读者即使只是看画册目录,就能知道自己想要的是哪一款香水,设计师的配图意图十分有针对性。

(a)

(b)

图 3-39 版面色彩设计

78

(a)

(b)

(c)

(d)

(e)

(f)

图 3-40 香水目录插图设计

2. 品牌礼服画册版式设计

以人物为题材的插图设计能够形成与读者群体之间的互动，人们会不自觉地将自己融入到书中的情景之中，从而塑造一种身临其境的感受。如果仅仅是一整本的礼服款式供消费者选择，那将是十分枯燥无味的。而经过模特的穿着展示后，以插图的形式表现出来，消费者会将自己带入到商品设计中，这时才能发挥插图的作用。

图3-41所示的封面插图需要与书名、内容相符合，让读者从封面就能看懂整本书的内容，易于读者选择。

图3-42所示的单页插图能够在最大限度上将商品的属性、内容展示出来，在阅读时视野更加流畅。需要注意的是，配图与文字内容要在一个幅面内，以免读者产生阅读疲劳。

图片与文字相互交叉的版面，设计形式灵活多变，能带给读者多样化的视觉感受。当插图过多时，可以将版面形式固定为一种或者两种。这样读者在浏览时视线始终在一个思维层面上，避免造成视觉上的固定混乱感（图3-43）。

图 3-41 封面插图设计

图 3-42 单页插图设计

(a)

(b)

(c)

(d)

图3-43　文中插图

本 / 章 / 小 / 结

　　本章从书籍装帧的版面设计角度，讲述了版面设计对书籍的整体作用、版式设计的方式、版式设计与书籍之间的关系，以及插图对版面整体的影响，通过对这些知识点的全面讲解，有利于读者在学习的过程中了解书籍各个组成要素之间的关联性。

思考与练习

1. 什么是版式设计？

2. 版式设计的风格分为哪几类？

3. 网格版式设计有哪几种形式？

4. 版式设计的方式有哪些？

5. 常见的版式设计是哪一种？请举例说明。

6. 版式设计的形式美法则是什么？

7. 什么是插画设计？它的主要作用是什么？

8. 插图的表现形式分为哪几种？最常见的是哪一种？

9. 参考某本书的插图设计，试举例说明插图的设计形式。

10. 以连环画为题材，分析其中的版面设计、插图设计的设计方法。

第四章

书籍装帧形态设计

学习难度：★★☆☆☆

重点概念：书籍形态、尺寸、装订方式、工艺

章节导读

　　书籍作为信息的载体，其装帧方式随着装订技术的发展而不断改变，从而使书籍展示出不凡的知识性与艺术性，为书籍增添设计效果。随着社会的发展，阅读的形式越来越多，手机、计算机、电子书阅读器等产品进入我们的生活，给予我们更多触觉、视觉、听觉上的多重感受，这对传统书籍带来了巨大的挑战。对书籍装帧设计形态的认识与理解有利于探索书籍形态设计未来的发展趋势（图4-1）。

图 4-1　书籍装帧的设计形态

第一节
书籍开本设计

　　书籍的开本设计，也称为开型设计，是以一定规格的整张印刷纸张，采用不同的分割方式所形成的书籍开本尺寸规格，并以一张纸所分割的数量为开本命名。开本是书籍的基本外在形态，表示一本书尺寸的大小。在书籍设计之前，首先要确定书籍的开本、大小及长宽比例，也方便书籍编写完成后的排版。

　　书籍的开本有很多种类，按形状可分为矩形开本、正方形开本和异形开本（图4-2～图4-4）。但在多数情况下，开本的尺寸是无法自由选择的，开本与"数"是紧密相连的，正是有这些精密的"数"规定的长宽不同尺寸所形成的比例，形成了各种开本的不同个性，才能表现出清晰的可行性和明确的操作性。每种开本的秩序、比例都由"数"明确地表现在规定之中。

一、开本的概念

　　书籍的开本是指书籍的幅面大小，

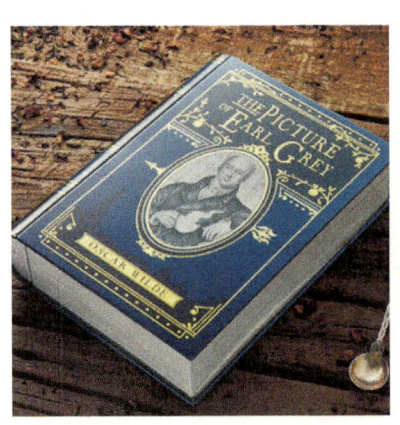

图 4-2　矩形开本（一）

图 4-3　矩形开本（二）

图 4-4　正方形开本

也就是我们通常说的书的尺寸或面积，一般用"开"或"开本"来作单位，如 16 开、32 开、64 开等，或 16 开本、32 开本、64 开本等。

随着书籍装帧技术的不断发展，书籍开本的设计已不再局限于传统的开本形式，异形开本（图 4-5）开始走向市场，如三角形、圆形、半圆形、有机形等多种形态。异形开本以自身独特的造型在众多书籍中脱颖而出，在销售过程中可以吸引读者的眼球，在一定程度上促进了书籍的销售量。同时，在书籍外观造型上传递出书籍的性质和创作理念。书籍的开本大小是根据纸张的规格来确定的，纸张的规格越多，开本的规格也就越多，选择开本的自由度也就越大。

二、开本规格

目前常用的全开纸张分为 787 mm×1092 mm、850 mm×1168 mm、880 mm×1230 mm 和 889 mm×1194mm 四种。将一张全开纸裁切成多个幅面相等的张数，这个张数被称为书籍的开数或开本数。例如，将一张全开纸裁切成幅面相等的 16 页，称为 16 开，裁

切成 32 页，称为 32 开，以此类推。

由于各种不同全开纸张的幅面有大小差异，因此开数的书籍幅面因所用全开纸张不同而有大小差异，如书籍版权页上为"787×1092　1/16"，是指该书籍是用 787 mm×1092 mm 规格尺寸的全开纸张切成的 16 开本书籍。若版权页上为"889×1194　1/16"，是指该书籍是用 889 mm×1194 mm 规格尺寸的全开纸张切成的 16 开本书籍（图 4-6）。为了区别这种开数相等而面积不同的开本书籍，通常把前一种称为 16 开，后一种称为大 16 开。

三、常见开本尺寸

小开本表现了设计者对读者衣袋、书包空间的考虑，大开本又能为读者的藏籍和礼品增添几分高雅和气派（表 4-1、表 4-2）。

从国内出版现状来看，学术理论著作和教材类书籍的开本由于文字较多，放在桌上阅读，一般采用大 32 开本和 16 开本，以便减少书页和书脊的厚度。

通俗读物类或文字较少的书籍，如小说、诗歌、散文等，一般采用 32 开本、

85

(a)

(b)

(c)

(d)

图 4-5　异形开本

今日色彩：商业设计中的色彩搭配
Jinri Secai：Shangyesheji zhong de Secai Dapei   善本出版有限公司　编著

出版发行：华中科技大学出版社（中国·武汉）　　　　　电话：（027）81321913
　　　　　武汉市东湖新技术开发区华工科技园　　　　　邮编：430223

策划编辑：段园园　林诗健　艺术指导：林诗健　　翻　译：汤雨晴 邓诗芸　　书籍设计：梁　杰
责任编辑：熊　纯　汤雨晴　责任监印：陈　挺

印　　刷：佛山市华禹彩印有限公司
开　　本：889 mm × 1194 mm　1/16
印　　张：17
字　　数：136 千字
版　　次：2018 年 3 月第 1 版 第 1 次印刷
定　　价：268.00 元

图 4-6　开本的规格

表 4-1　常用书籍开本幅面

开本	书籍幅面（净尺寸）		全开纸张幅面（mm）
	宽度（mm）	高度（mm）	
8	260	376	787 × 1092
大 8	280	406	850 × 1168
大 8	296	420	880 × 1230
大 8	285	420	889 × 1194
16	185	260	787 × 1092
大 16	203	280	850 × 1168
大 16	210	296	880 × 1230
大 16	210	285	889 × 1194
32	130	184	787 × 1092
大 32	140	203	850 × 1168
大 32	148	210	880 × 1230
大 32	142	210	889 × 1194
64	92	126	787 × 1092
大 64	101	137	850 × 1168
大 64	105	144	880 × 1230
大 64	105	138	889 × 1194

表 4-2 常用书籍全开幅面

开本	书籍幅面（净尺寸）		全开纸张幅面（mm）
	宽度（mm）	高度（mm）	
16	165	227	690 × 960
16	171	248	730 × 1035
16	188	207	787 × 880
16	232	260	960 × 1092
32	113	161	690 × 960
32	124	175	730 × 1035
32	130	208	880 × 1092
32	147	184	889 × 1194
32	115	184	787 × 1230
32	140	184	787 × 1156
32	130	161	690 × 1096
32	169	239	1000 × 1400
64	80	109	690 × 960
64	84	120	730 × 1035
64	104	126	880 × 1092
64	92	143	787 × 1230
64	119	165	1000 × 1400

36 开本和 48 开本即可，方便读者携带。画册、画报和图片较多的书籍，则采用 16 开本、大 16 开本或 8 开本，以便更好地发挥图片的作用。

字典、词典、辞海类书籍主要以文字的容量来决定开本，以 32 开本、大 32 开本和 36 开本、64 开本较为多见，也有 16 开本和 128 开本的字典等。儿童读物图文并茂，插图较多，选用字体又不宜太小，通常采用正方形开本，如 24 开本或 28 开本，并用硬皮精装，以方便儿童翻阅和避免损坏等。

读者由于年龄、职业等差异对书籍开本的要求不一样，如老人、儿童的视力相对较弱，要求书中的字号大一些，同时开本也相应放大些。青少年读物一般都有插图，插图在版面中交错穿插，所以开本也要大一些。而作为礼品、纪念品的书籍的开本与普通书籍也有所区别。

书籍的大小与开本大小关系

书籍篇幅也是决定开本大小的因素。几十万字的书籍与几万字的书籍，选用的开本就应有所不同。一部中等字数的书籍用小开本，可取得浑厚、庄重的效果，而选用大开本就会显得单薄、缺乏分量。而字数多的书籍，用小开本会有笨重之感，应以大开本为宜。

第二节
书籍装订设计

一、装订形式

1. 平装本

用普通封面纸做成的软封面的书籍为平装本（图4-7）。平装本设计制作比较简单，一般印数大，普及性大，成本相对较低，便于机械化生产，书价自然也就便宜。

2. 精装本

用厚纸或其他材料做成的具有保护性的封面的书籍为精装本（图4-8）。精装本的封面材料不同于平装本，一般使用的封面材料要求柔软而有弹性，如皮面、布面、纸面。精装本图书不仅美观，易保存，具有极高的收藏价值，也是众多书籍爱好者与馆藏喜爱的书籍类型。

3. 豪华本

豪华本、珍藏本是在精装本的基础上，通过细腻的装帧技术，在样式上制作得更加精致（图4-9）。在实际制作中，由于选材严格、设计质量高，书籍的价格也更高。

(a)

(b)

图4-7　平装本

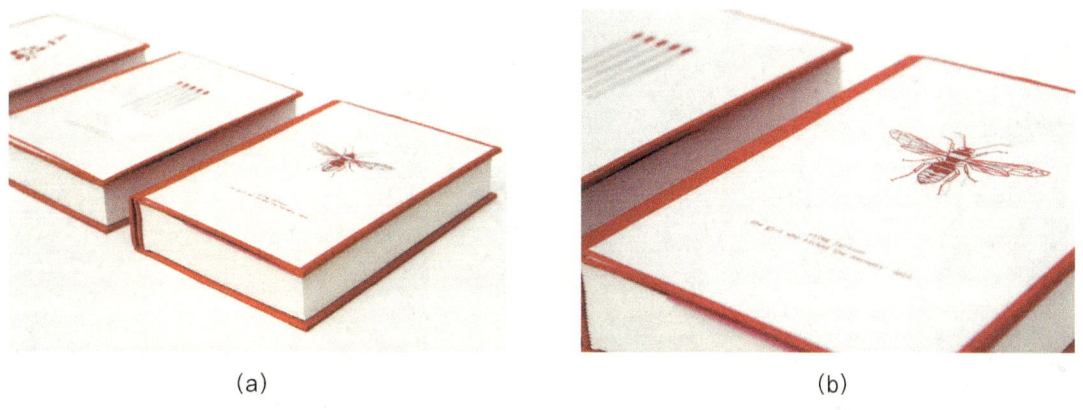

（a）　　　　　　　　　　　　　（b）

图 4-8　精装本

（a）　　　　　　　　　　　　　（b）

图 4-9　豪华本

二、装订方法

书籍的装订方式的变化见图 4-10。随着装订方式不断更新，装订形式与装订效果不断增强，为现代书籍装帧形式提供了宝贵的知识积累。

1. 简策装与卷轴装

我国最早的书是用皮带或绳子把写有文字的竹片、木片连串成册，这种书称为"简策"（图 4-11）。简策十分笨重，不易阅读。后来人们把写有文字的丝绢按照文章的长短裁开，卷成一卷，有的还在丝绢两端配上木轴，便出现了"卷轴装"的书（图 4-12）。

卷轴装书籍，左侧为轴，通常是一根上漆的细木棒，它主要起到支撑与固定的作用，卷的左端卷入轴内，右端在卷外，

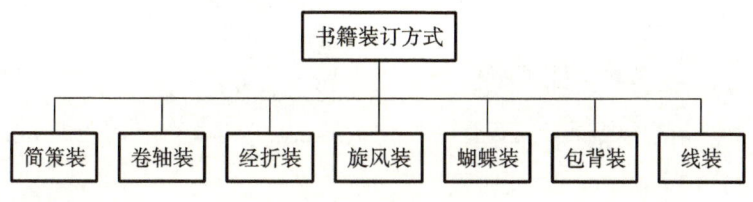

图 4-10　书籍装订方式

图 4-11　简策装

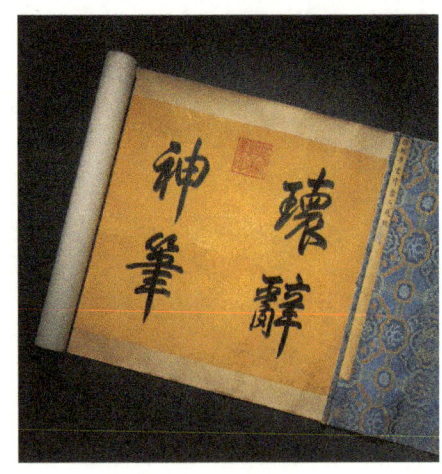

图 4-12　卷轴装

前面装裱有一段纸或丝绸，纸或丝绸的中间位置再系上丝带，用来缚扎。卷口背面用于标写书名，阅读时将卷平展，收纳时束起。这种装帧形式直到今天还在沿用，但已不作为书籍出现，通常是在传统的字画装裱时出现。

2. 经折装

由于卷轴装书籍在阅读时展开的面积太大，阅读时必须从头展开，缺乏选择阅读内容的灵活度，看完后收卷的过程较为麻烦，特别是篇幅较长的经书之类，因此，在后期佛教典籍的装帧中最先出现了经折装。

纸张发明以后，把文字写在纸张上，按照一定的规格，向左右反复折叠成长方形的册子，将前后两页粘上硬纸或较厚的纸作为封面和封底。这种装帧最初用于佛教经典，故被称作经折装（图 4-13）。

这种装帧方法是在卷轴装的基础上发展而来的，改进方法是将一幅长卷沿着文字版面的间隔中间，一反一正反复折叠成册，在首末两页上分别粘贴硬纸板或用木板作为封面与封底。这种方法使书籍以"页"的形式出现，使阅读更为方便。

3. 旋风装

卷轴装、经折装和旋风装是中国最

(a)

(b)

图 4-13　经折装

早的书籍装帧形态，它们都以连续性的长卷装帧形式出现，与现代书籍的单本多页装帧形式不同。纸质的材料使经折装出现了弊端，虽然它的阅读性优于其他的装订方式，但是保存性能较差。长期翻阅会使纸的折叠处断开，对书籍造成损坏，也就无法完好保存。

为了解决这一弊端，古人模仿房顶盖瓦片的方法，将书籍内容直接分成单张页面的形式按照先后顺序依次相错地粘贴在整张纸上，保留了经折装的页面形式，方便内容的区分和读者的阅读，但仍需用卷轴装的方法进行保存，这种方法叫旋风装（图4-14）。

4. 蝴蝶装

蝴蝶装是将每张印有文字内容的页面以中缝为准，朝里对齐折叠，在将书页对折后的中缝粘贴在另一包背纸上，最后裁齐成册。在翻阅时，印有图文的页面会形成一个完整的大页面，背面则为空白。这样装帧的书籍翻阅起来像蝴蝶的一对翅膀舞动，故得名"蝴蝶装"（图4-15）。

这种装订形式的好处在于印刷面展

图 4-14　旋风装

图 4-15　蝴蝶装

和 合 装

和合装的装订形式的优点是可将内页或书心拆开调换（图4-16）。在封壳的里面与书脊连接的左右两边，各有一条供串线的部分，叫"书耳"，其高度与书心相同，使书壳与书心能借此连接在一起。

书的内心和封壳可以分开，内心可以调换，封壳坚硬而耐用。在封壳里层的上下接槽处各相连着一条供串线订本用的订条，一般与内心订口的宽度相同，上面打两三个孔。装配使用时，将对折或单页组成的内心，在订口部位根据订条上的孔距位置相应打上孔洞，然后用带子或螺钉与订口条串起来扎紧。

小贴士

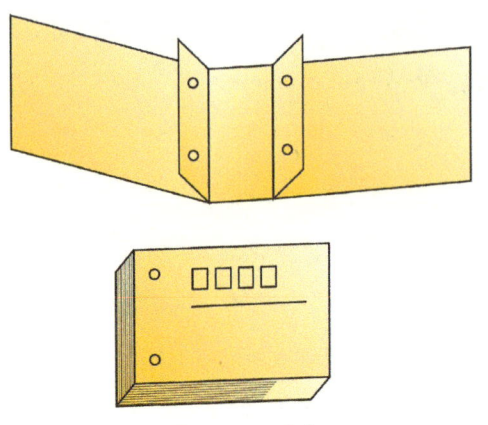

图 4-16　和合装

开后中间没有装订的痕迹，特别适合展示一些大的画面，反面空白页还可以印刷其他的内容，如说明文字等。这种盛行于公元 12 世纪的散页装订形式在今天仍被采用，如一些地图册和高档精致的大型画册都使用这种装订方法。

5. 包背装

到了元代，在蝴蝶装书籍的基础之上，人们保留单本多页的装帧形式，将单面印好的书页白面向里对折，配页后再将其折缝对齐，并将折缝对面的纸边粘在供包背的纸上，再包上封面，书页呈双页状，用纸捻穿插装订成册，就形成一本书。这种方法被称作包背装（图 4-17）。

6. 线装

从明朝中期，开始有了线装书（图 4-18）。线装书装订牢固、装帧美观、翻阅方便。装帧方法与包背装大致一样，唯一不同的地方在于线装书籍将封面封底作为书籍整体之一，分别粘在书心前后，以线取代纸捻，统一打眼锁线，书脊、锁线外露。

线装是将单面印好的书页白面向里对折，将折缝对齐，切齐后用线按一定距离穿连，贴上签条，印上书根字，即完成装订。线装是中国古代历史上最为完美的书籍装帧形态，也是现如今古籍出版时较为常用的一种装订形式。

清代以后，活字印刷逐渐代替了雕版印刷，印刷品的产量、品种不断增加，装订技术也相应得到了发展，逐步从手工操作走向了机械化。现在，除了为保留我国民族传统而制作的少量珍贵版本书和仿古书籍采用线装外，主要的装订形式有平装和精装。装订的方法分为手工装订、半自动装订和使用联动机的全自动装订等。

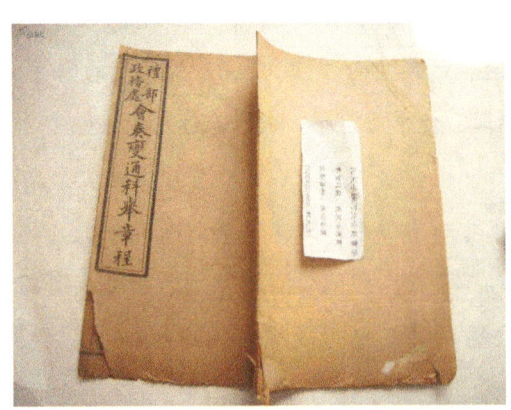

图 4-17　包背装

图 4-18　线装

第三节
装订工艺流程

一、平装书的装订工艺

平装是书籍常用的一种装订形式，以纸质软封面为特征（图4-19）。

手工和半自动装订工艺流程为：撞页裁切→折页→配书帖→配书心→订书→包封面→切书。从裁切到订书为书心的加工过程。

1.撞页裁切

印刷好的大幅面书页撞齐后，用单面切纸机裁切成符合要求的尺寸。裁切是在切纸机上进行的（图4-20）。切纸机按裁刀的长短，分为全张和对开两种；按自动化程度分为全自动切纸机、半自动切纸机（图4-21）。操作时，要注意安全，裁切的纸张、切口应光滑、整齐，不歪不斜，规格尺寸符合要求。

2.折页

印刷好的大幅面书页，按照页码顺序和开本的大小，折叠成书贴的过程，称为折页。折页的方式大致分为平行折页法、垂直交叉折页法、混合折页法和双联混合折页法四种类型（图4-22）。

（1）平行折页法。折出的书贴折缝互相平行，适用于折叠较厚纸张的书页，如少儿读物、画册等。

（2）垂直交叉折页法。每折完一折时，必须将书页旋转90°角折下一折，书帖的折缝互相垂直。这种折页形式操作方便，折数与页数有一定关系。

（3）混合折页法。在同一书帖中的折缝既有平行又有垂直的折页方式为混合折页法。用机器折成的书帖大部分是这种形式。目前，我国的印刷厂大部分采用机械折页。折页机分为刀式折页机、栅栏式折页机和栅刀混合式折页机，有全张和对开两种。

图4-19　平装书装订工艺流程

图4-20　平装书

图4-21　切纸机

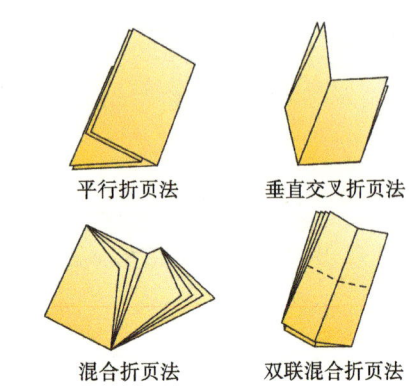

平行折页法　　　　　垂直交叉折页法

混合折页法　　　　　双联混合折页法

图 4-22　折页的方式

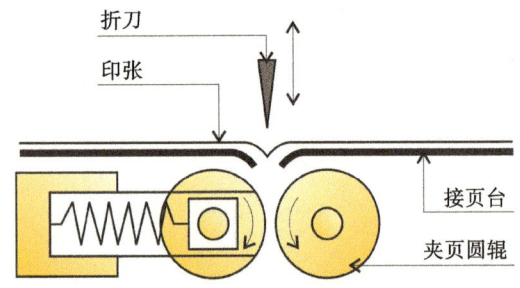

折刀

印张

接页台

夹页圆辊

图 4-23　刀式折页机原理图

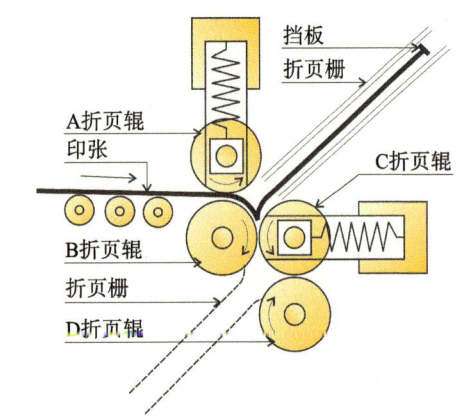

挡板

折页栅

A折页辊

印张

C折页辊

B折页辊

折页栅

D折页辊

图 4-24　栅栏式折页机原理图

图 4-25　栅栏式折页机

①刀式折页机。采用折刀将纸张压入旋转着的两个折页辊的横缝里，通过两个辊与纸张之间的摩擦力来完成折页过程，其原理如图 4-23 所示。这种折页机可以折全张的印张，折页精度高，但占地面积大。

②栅栏式折页机。使运动的纸张通过折页辊沿着栅栏往前运动直至挡板，在折面辊的摩擦作用下，纸张被弯曲折叠。这种折页机的折页速度快，占地面积小，但不适合折幅面大、薄而软的纸张（图 4-24、图 4-25）。

③栅刀混合式折页机。由刀式和栅栏式组合而成，称为栅刀混合式折页机。这种折页机的折页速度比刀式折页机快。此外，书刊卷筒纸印刷机一般都会设有折页装置。

3. 配书帖

把零页或插页按页码顺序套入或粘在某一书帖中。

4. 配书心

把整本书的书帖按顺序配集成册的过程被称为配书心，也叫排书，有套帖法和配帖法两种。

（1）套帖法。将一个书帖按页码顺序套在另一个书帖里面或外面，形成两帖厚而只有一个帖脊的书心。该法适合于帖数较少的期刊、杂志。

（2）配帖法。将各个书帖按页码顺序，一帖一帖地叠擦在一起，成为一本书刊的书心，供订本后包封面。该法常用于平装书或精装书。配帖可用手工，也可以用机械进行。手工配帖，劳动强度大、效率低，还只能小批量生产，因此，现在主要利用配帖机完成配帖的操作。配帖机的工作原理是将书帖按顺序放在传送带上，依次重叠，完成书心的配帖（图4-26、图4-27）。

为了防止配帖出差错，印刷时，在每一印张的帖脊处印上一个被称为折标的小方块。配帖以后的书心在书背处形成阶梯状的标记，检查时，只要发现梯档不成顺序，即可发现并纠正配帖的错误（图4-28）。

将配好的书帖（一般叫毛本）撞齐、扎捆，除了锁线订以外，在毛本的背脊上刷一层稀薄的胶水，干燥后一本本地批开，以防书帖散落，然后进行订书。

5. 订书

把书心的各个书帖运用各种方法牢固地连接起来，这一工艺过程被称为订书。常用的方法有骑马订、铁丝订、锁线订、胶粘订等四种。

（1）骑马订。用骑马订书机将套帖配好的书心连同封面一起，在书脊上用两个铁丝扣订牢固成为书刊。采用骑马订的

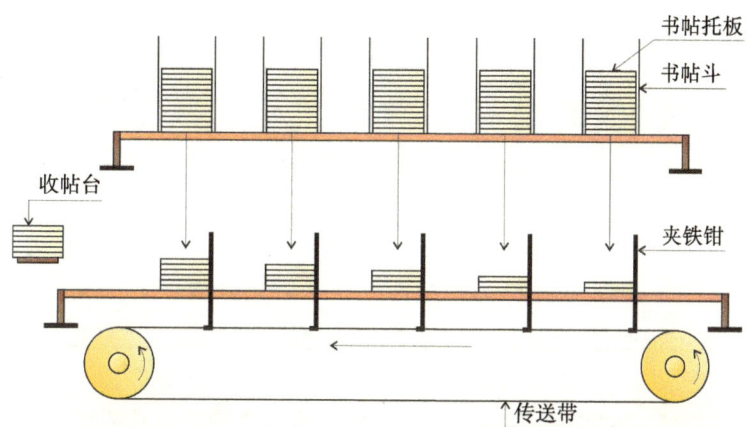

图4-26 配帖机工作原理图

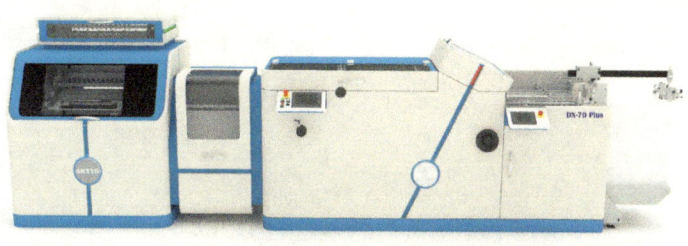

图4-27 配帖机

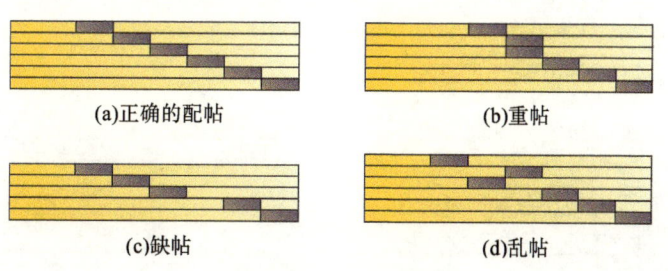

(a)正确的配帖   (b)重帖

(c)缺帖   (d)乱帖

图4-28 书脊的梯档

图 4-29　骑马订期刊

书不宜太厚，而且多帖书必须套合成一整帖才能装订（图4-29、图4-30）。

（2）铁丝平订。用铁丝订书机，将铁丝穿过书心的订口，称为铁丝平订。铁丝平订生产效率高，但铁丝受潮易产生黄色锈斑，影响书刊的美观，还会造成书页的破损、脱落，适合订 100 页以下的书刊（图4-31）。

（3）锁线订。将配好的书帖按照顺序用线一帖一帖地串联起来，称为锁线订（图4-32）。常用锁线机进行锁线订。锁线订有平锁和交叉锁两种方式。锁线订可以订任何厚度的书，牢固、翻阅方便，但订书的速度较慢。

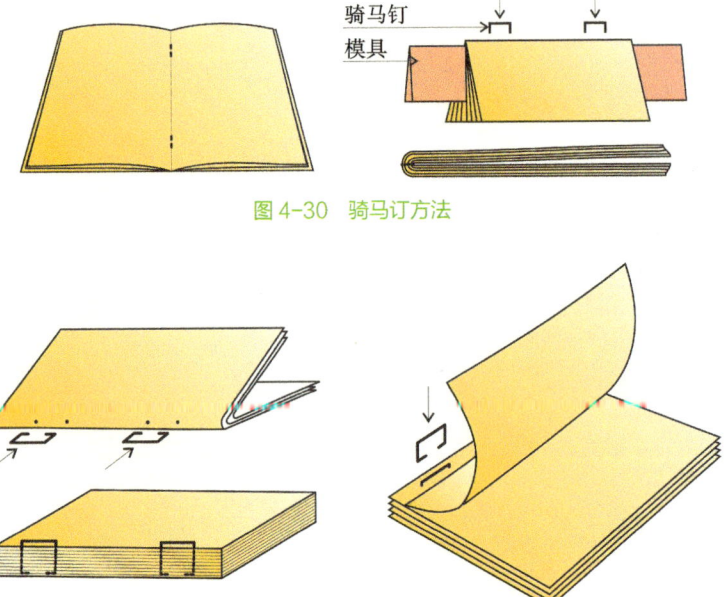

图 4-30　骑马订方法

图 4-31　铁丝平订

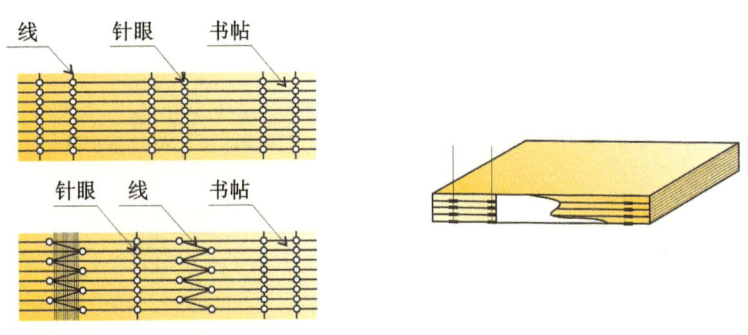

图 4-32　锁线订

（4）胶粘订。用胶粘剂将书帖或书页黏合在一起制成书心。一般是把书帖配好页码，在书脊上锯成槽或铣毛打成单张，经撞齐后用胶粘剂将书帖黏结牢固。胶粘订的书心可用于平装，也可以用于精装（图4-33）。

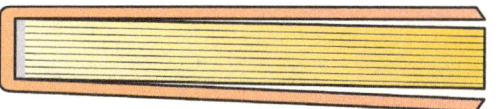

图4-33　胶粘订

（5）塑料线烫帖粘订。塑料线烫帖粘订是在每帖书页的折缝处将塑料线像骑马订一样穿过，两只订脚朝外加热熔融并与书帖沿折缝黏合，书帖与书帖之间刷胶、贴纱布黏合形成书心，经过二次刷胶、包封面等工序成型（图4-34）。这种工艺综合了骑马订、锁线订、无线胶订三种工艺的主要特点，具有书籍能摊开、装订牢固的特点。最重要的一点是，这种装订方法能多道工序联动作业，形成顺畅的流水线生产。

图4-34　塑料线烫帖粘订

（6）缝纫订。使用专用缝纫机加工，操作简便，装订部位类似铁丝平订，但没有铁丝订生锈的特点（图4-35）。这种装订方式与铁丝平订存在相似的问题，即书籍展开不便，不宜装订过多的页码，不能联机操作，在工序上不能形成流水作业，其功效也较低。

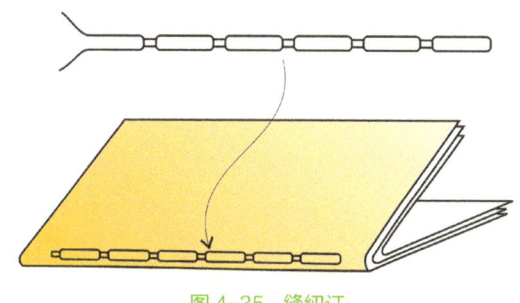

图4-35　缝纫订

（7）活页装。这是一种简易的装订形式，适用于页码不多或者内容需要补充或更换的出版物。常见的形式有在装订口处打眼穿孔，用塑料或金属丝圈将书页连接。翻阅时能完全展开摊平，诸如一些产品目录、摄影集、台历、月历和样本设计等时常采用（图4-36）。

6. 包封面

通过折页、配帖、订合等工序加工成的书心包上封面后，便成为平装书籍的

图4-36　活页装

毛本。包封面也叫包本或裹皮。手工包封面的过程是折封面、书脊背刷胶、粘贴封面、包封面、抚平等。现在除畸形开本书外，很少采用手工包封面。

机械包封面使用的是包封机，有长式包封机和圆式包封机。机械包封机的工作过程如下：将书心背朝下放入存书槽内，随着机器的转动，书心背通过胶水槽的上方，浸在胶水中的圆轮，把胶

97

根据书帖加工的方法，胶粘订大致可以分为单张胶粘法、铁背打毛胶粘法、铁背锯槽胶粘法和划口胶粘法等。

水涂在书心脊背部、靠近书脊的第一页和最后一页的订口边缘上。涂上胶水的书心随着机器的转动，来到包封面的部位，最上面一张封面被粘贴在书脊背上，然后集中放入烘背机里加压、烘干，使书背平整。

平装书籍的封面应包得牢固、平整，书背上的文字应居于书背的正中直线位置，不能歪斜，封面应清洁、无破损、折角等。

7. 切书

把经过加压烘干、书背平整的毛本书，用切书机将天头、地脚、切口按照开本规格尺寸裁切整齐，使毛本变成光本，成为可阅读的书籍（图4-37）。

切书一般在三面切书机上进行。三面切书机是裁切各种书籍、杂志的专用机械。三面切书机（图4-38）上有三把钢刀，它们之间的位置可按书刊开本尺寸进行调节。书刊切好后，逐本检查，防止不符合质量要求的书刊出厂。

8. 平装联动机

为了加快装订速度、提高装订质量，避免各工序间半成品的堆放和搬运，采用平装联动机订书。

（1）骑马装订联动机（也叫三联机）。它由滚筒式配页机、订书机和三面切书机组合而成，能够自动完成套帖、封面折和搭、订书，三面切书累积计数后输出，配备有自动检测质量的装置。骑马装订联动机的生产效率高，适合于装订64页以下的薄本书籍，如期刊、杂志、练习本等。但是，书帖只依靠两个铁丝扣连接，因而牢固度差。

（2）胶粘订联动机。胶粘订联动机能够连续完成配页、撞齐、铣背、锯槽、打毛、刷胶、粘纱布、包封面、刮背成型、切书等工序。有的用热熔胶黏合，有的用冷胶黏合。自动化程度很高，每小时装订数量高达7000册甚至更多。

二、线装书的装订工艺

线装书是用线把书页连封面装订成册而订线露在外面的装订方式（图4-39）。线装书加工精致，造型美观，具有我国独特的民族风格。线装书全用手工装订，工艺流程为理纸和开料→折页→配页→散作和齐栏→打眼→串纸钉→粘面和贴签条→切书→串线订书→印书根。

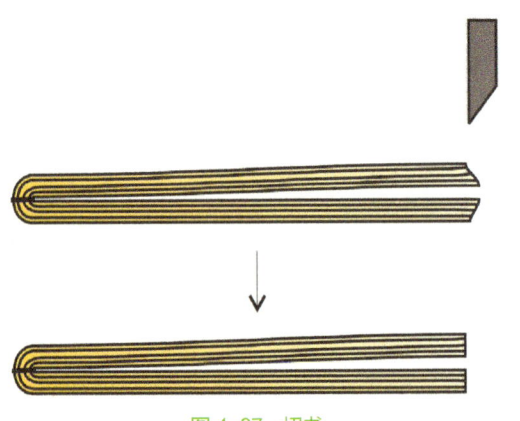

图4-37　切书

图4-38　三面切书机

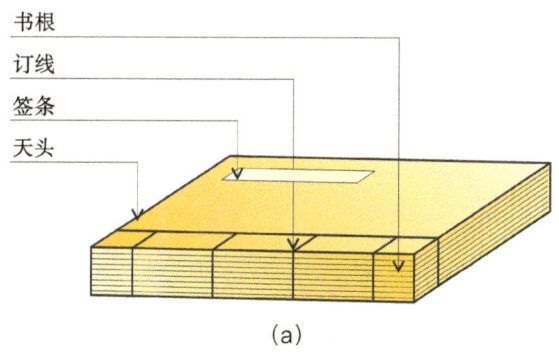

书根
订线
签条
天头

(a)

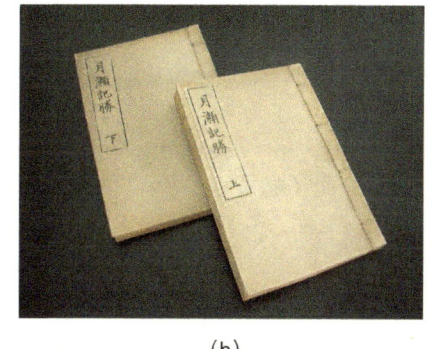

(b)

图 4-39　线装书

1. 理纸和开料

线装书所用纸质软而薄，理纸困难，因此，应将印张理齐再按照折页的方法进行裁切。

2. 折页

线装书的书页一面印有图文，一面是空白，书页对折后图文在外，占 2 个页码。有的书页在折缝印有"鱼尾"标记，折页时将鱼尾标记折叠居中，版框即可对准（图 4-40）。

3. 配页

先把页码理齐，然后逐贴配齐。配页时，一边配页，一边毛查，防止多帖、漏帖、错帖现象发生。

4. 散作和齐栏

将书页逐张理齐，使书页达到"齐""正"的工艺操作，称为"散作"。逐张拉齐栏脚的过程叫"齐栏"。

5. 打眼

线装书要打两次眼。第一次在书心打 2 个纸钉眼，用来串纸钉定位。第二次是打线眼，将书心与封面配好，并粘牢，再经三面裁切成光本书后，打四个或六个眼（图 4-41）。

6. 串纸钉

串纸钉是线装书装订的特有工序。纸钉用长方形的连史纸切去一角制成。纸钉穿进纸眼后，纸钉弹开，塞满针眼，

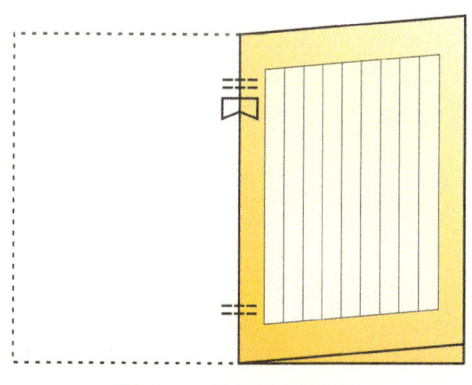

图 4-40　鱼尾标记和折页

图 4-41　打眼

达到使散页定位的目的。串纸钉时，纸钉的头与尾需露在书心的外面并且要摊平。

7. 粘面和贴签条

线装书的封面、封底是由两张或三张连史纸裱制而成。粘面时，先把少量的胶粘液涂在纸钉的头尾部分，然后将封面、封底粘在正确的位置上。

线装书的封面一般为水青色或玉青色，封面的左上角贴有印好书名的签条，签条的设计及粘贴的位置对书籍的造型有一定影响。

8. 切书

一部由多册组成的书，将各册依次配成整部，再利用三面切书机裁切成为光本，这样就减少了整部书的裁切误差。

9. 串线订

线装书的串线方式繁多，使用最多的是丝线，其次是锦纶线。订好的书要求平整、结实，线结不能外露，应放在针眼里（图4-42）。

10. 印书根

在书籍的地脚切口部分印书名、卷次和册数字样，以便于查找。

图4-42　串线订

书脊厚度的计算

1. 胶装书脊位

书脊厚度＝（内页面数 /2）× 内页所用纸张厚度

2. 精装书脊位

书脊厚度＝书心厚度＋纸板厚度 ×2

3. 护封的计算

护封的计算＝精装书脊位＋勒口 ×2＋书心宽度 ×2＋出血 ×2

4. 精装书壳皮壳面料的计算

长＝书心（长度）×2＋压槽位（11 mm×2）＋飘口（3 mm×2）＋板纸厚度 ×2＋色边位（最少15 mm×2）＋精装书脊位

高＝书心（高度）＋色边位（最少15 mm×2）＋板纸厚度 ×2＋飘口（3 mm×2）

精装（飘口3 mm）里边7 mm，包口20～30 mm，出血6 mm。

书籍封面各部分尺寸组成与书册内页基本结构如图4-43、图4-44所示。

小贴士

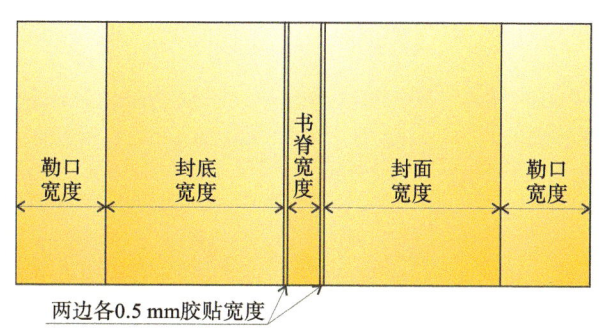

图 4-43　书籍封面各部分尺寸组成

图 4-44　书册内页基本结构

三、精装书装订工艺

　　精装书的封面、封底一般采用丝织品、漆布、人造革、皮革或纸张等材料，粘贴在硬纸板表面制作成书壳（图 4-45）。按照封面的加工方式，分为有书脊槽书壳和无书脊槽书壳。书心的书背可加工成硬背装、腔背装和柔背装等，造型美观、坚固耐用（图 4-46）。

图 4-45　精装书

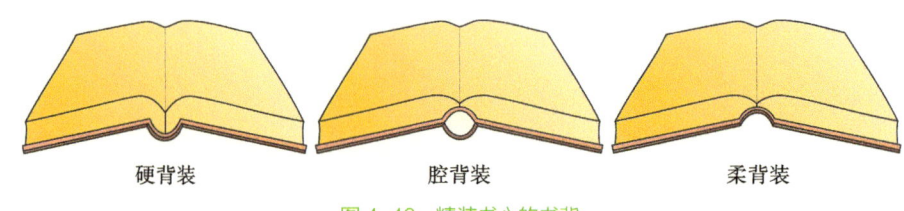

硬背装　　　　　　　腔背装　　　　　　　柔背装

图 4-46　精装书心的书背

精装书的装订工艺流程为书心的制作→书壳的制作→上书壳。

1. 制作书心

制作书心的前一部分和平装书装订工艺相同，包括裁切、折页、配页、锁线与切书等流程。在完成上述工作之后，就要进行精装书心特有的加工过程。书心为圆背有脊形式，可在平装书心的基础上，经过压平、刷胶、干燥、裁切、扒圆、起脊、刷胶、粘纱布、再刷胶、粘堵头布、粘书脊纸、干燥等完成精装书心的加工。书心为方背无脊形式，就不需要扒圆。书心为圆背无脊形式，就不需要起脊。

（1）压平。在专用的压书机上进行，使书心结实、平整，提高书籍的装订质量。

（2）刷胶。用手工或机械刷胶，使书心达到基本定型，在下道工序加工时，书帖不发生相互移动。

（3）裁切。对刷胶基本干燥的书心进行裁切，成为光本书心。

（4）扒圆。由人工或机械把书脊背脊部分处理成圆弧形的工艺过程，这一过程被称为扒圆。扒圆以后，整本书的书帖能互相错开，便于翻阅，提高了书心的牢固程度。

（5）起脊。由人工或机械把书心用夹板夹紧加实，在书心正反两面接近书脊与环衬连线的边缘处，压出一条凹痕，使书脊略向外鼓起的工序，这一过程被称为起脊，这样可防止扒圆后的书心回圆变形（图 4-47）。

（6）书脊的加工（图 4-48）。加工的内容包括刷胶、粘书签带、贴纱布、贴堵头布、贴书脊纸。贴纱布能够增加书心的连接强度和书心与书壳的连接强度。堵头布贴在书心背脊的天头和地脚两端，使书帖之间紧紧相连，不仅增加了书籍装订的牢固性，又使书变得美观。书脊纸必须贴在书心背脊中间，不能起皱、起泡。

2. 制作书壳

书壳是精装书的封面。书壳的材料

图 4-47　起脊

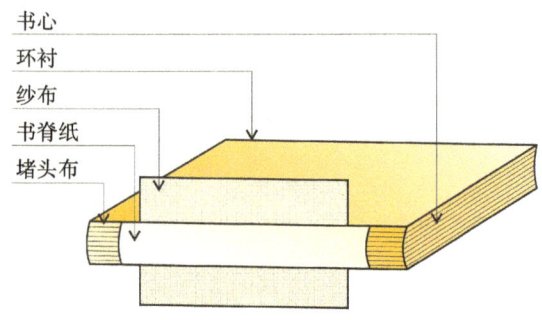

书心
环衬
纱布
书脊纸
堵头布

图 4-48　书脊的加工

应有一定的强度和耐磨性，并具有装饰的作用。

用一整块面料将封面、封底和背脊连在一起制成的书壳称作整料书壳。封面、封底用同一面料，而背脊用另一块面料制成的书壳，称作配料书壳。

作书壳时，先按规定尺寸裁切封面材料并刷胶，然后再将前封、后封的纸板压实、定位（称为摆壳），包好边缘和四角，进行压平即完成书壳的制作。由于手工操作效率低，现改用机械制书壳。

制作好的书壳，在前后封以及书背上压印书名和图案等。为了适应书背的圆弧形状，书壳整饰完以后，还需要进行扒圆。

3. 上书壳

把书壳和书心连在一起的工艺过程，称作上书壳，也称作套壳。

上书壳的方法是先在书心的一面衬页上涂上胶水，按一定位置放在书壳上，使书心与书壳一面先粘牢固，再按此方法把书心的另一面衬页也平整地粘在书壳上，整个书心与书壳就牢固地黏结在一起了。最后用压线起脊机在书的前后边缘各压出一道凹槽，加压、烘干，使书籍更加平整，从而定型。如果有护封，则包上护封即可出厂。

豪华装也叫艺术装。豪华装的书籍类似精装，但用料比精装更高级，外形更华丽，艺术感更强。一般用于高级画册、保存价值较高的书籍，主要用手工操作完成。

第四节 案例分析
——儿童图书装帧设计

一、米菲绘本

米菲童书是由荷兰艺术大师迪克·布鲁纳专为0～4岁孩子设计的小开本儿童图书，画面上极简的线条、明快的颜色让许多孩子爱不释手。且该书以全球50多种语言出版发行，销量超过8亿册，成为图画书历史上的经典。心血之作被日本图画书之父松居直誉为"孩子们的第一本书"（图4-49）。

荷兰艺术大师迪克·布鲁纳从1950年开始创作米菲系列至今，他坚信专为孩子做的书从内容到装帧都应让孩子觉着自己才是真正的读者。因此他精心设计了小开本，不断简化形象线条，不用复杂的颜色。《米菲绘本系列》有着小孩也能读懂的魔力（图4-50）。

每页是一幅简单明了的图画，可以锻炼孩子的想象力和观察力。儿童从图片中可以从卡通人物的形态、大小、色彩上读懂米菲一家人的关系（图4-51）。

在色彩设计上，选用色彩饱和度较高的颜色，不使用复杂颜色，只用红、黄、蓝、绿、棕、灰6种颜色（图4-52）。书中选用大色块，有利于抓住儿童的注意力，促进感知能力的发展。

在装帧设计（图4-53）上，采用精装设计，长时间翻阅不容易破损，也有利于书籍的保存。但是也存在一定的缺陷，精装书的书角对儿童来说具有一定的隐藏性伤害。

国际绘本大奖有凯迪克奖、德国绘本大奖、国际安徒生奖画家奖、英国格林威大奖等。

图 4-49　图书封面设计

图 4-50　卡通形象设计

米菲　　爸爸、妈妈　　姑姑　　爷爷、奶奶

袋鼠　　斑马　　大象　　小鸟

图 4-51　人物关系图

图 4-52　三色设计

二、婴儿画报

《婴儿画报》（图 4-54）是国内第一家以 0～4 岁婴儿为读者对象的画刊，打造婴儿杂志第一品牌。自 1985 年创刊以来，以其生动的故事、丰富的内容、绘制精美的大幅画面，深受广大专家、家长和小读者的欢迎，发行量稳居同类期刊第一位。时至今日，每一本《婴儿画报》都

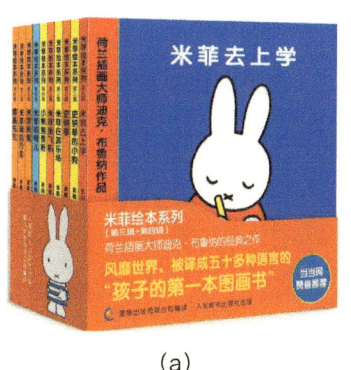

(a)

(b)

(c)

(d)

图4-53　装帧设计

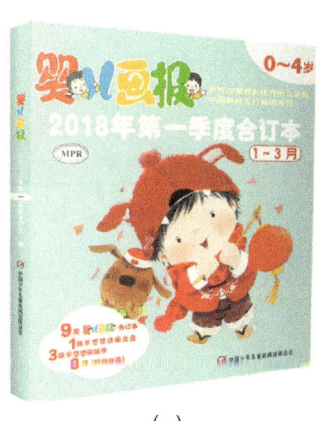

(a)

(b)

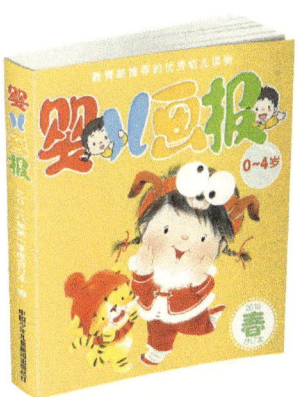

(c)

(d)

图4-54　《婴儿画报》

有50万小读者在阅读。

在材质设计上选用优质的铜版纸，相对于普通的纸张而言，即使长时间翻阅，书籍的磨损也较小，同时也更方便书籍的保存（图4-55）。

考虑到书籍的存放与便利性，将每一季度的专刊装订成合订本（图4-56），考虑到合订后页数太多，于是改变原有的开本形式，中和书籍的厚度与知识含量。

一方面，书籍中的插图色彩鲜艳、制作精美、生动活泼，采用较大的字体，方便阅读，整体形式特征鲜明；另一方面，又能在单个故事、典型材料、一个画面、几个形象上做足文章，形成点式刺激源，从点上增强形式张力，与整体达到和谐（图4-57）。

(a)

(b)

图4-55 选材设计

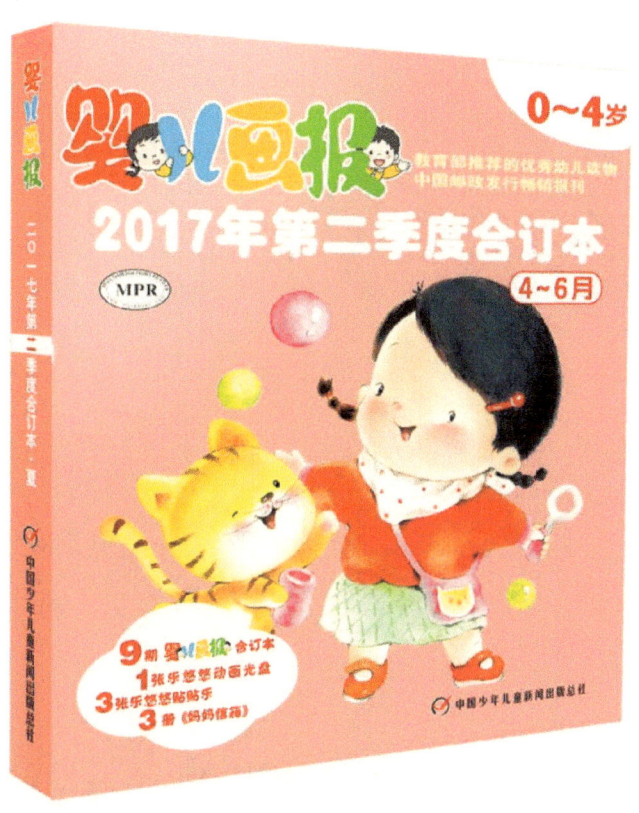

(a)

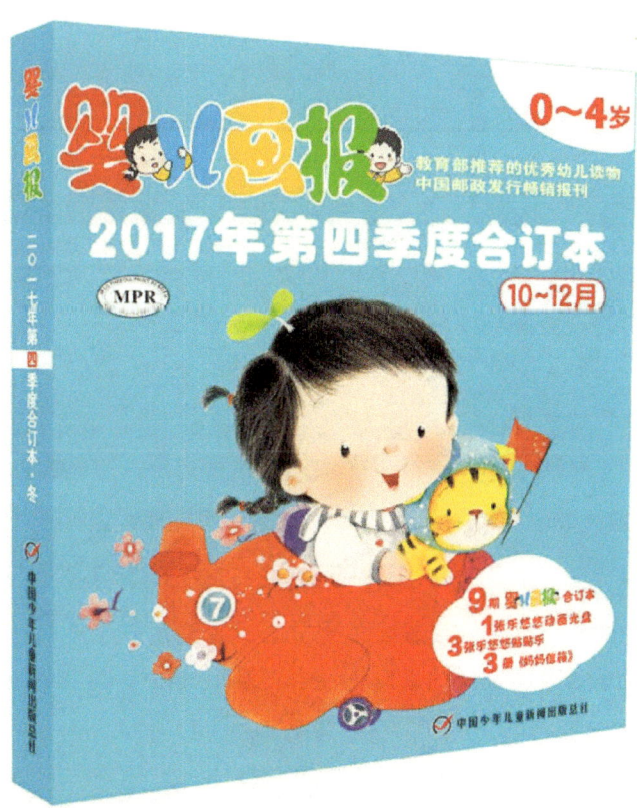

(b)

图 4-56　合订本设计

(a)

书籍印刷与工艺

(b)

图 4-57　插图设计

本／章／小／结

　　本章对书籍的形态设计作了深刻的分析与讲解，对书籍开本的概念进行了细致的分析，将书籍的制作与装订工艺流程进行了一系列的总结与归纳。学习本章的知识点，可结合传统书籍装订技术与现代书籍装订技术进行对比，发现其中的奥秘，对于今后的书籍装帧设计很有帮助。若读者想更进一步地学习书籍印刷与工艺的相关知识，可扫描二维码。

思考与练习

1. 请简要概述开本的意义。

2. 开本分为哪几类规格?

3. 常见的开本尺寸有哪些?

4. "889×1194　1/32"是属于哪种规格?

5. 书籍装订形式有哪几种?

6. 书籍的装订方式分为哪几类?

7. 请简要概述平装书与豪华装书籍各有什么优点和缺点。

8. 平装书的工艺流程共分为哪几步? 其中最重要的环节是什么?

9. 在书籍装帧设计中, 书脊的厚度怎么计算?

10. 请思考关于儿童图书装帧设计最关键的因素是什么, 简述理由。

第五章

书籍装帧设计案例分析

学习难度：★★★★★

重点概念：封面设计、插画设计、版式设计、书籍要素设计分析

章节导读

　　书籍以各种形态出现在我们的生活中，书籍装帧设计已经是一个多层次、全方位的系统工程。即使是同类型的书籍，因为每个出版社的装帧设计不同，书籍的销售量也有所差异，消费者的选择也不同。由此可见，书籍装帧设计的使用功能与审美功能十分重要（图5-1）。

图 5-1　书籍与生活

第一节

设计类书籍装帧设计

随着生活水平的提高，人们对住宅的品位要求也逐步提高，装修类书籍的销量也开始上升，拥有强大的市场。相对于市场上众多的装修类书籍来说，书籍不仅仅要有实用的知识，在装帧形式上亦要有所突破，才能占据销量首位。

一、手绘设计

1. 封面设计

封面的版面形式和色彩搭配是影响购买行为的重要因素（图 5-2）。封面首先要做到引人注目，才能让读者从众多书

目录的一般功能有检索功能、报道功能和导读功能。

以简明扼要的一句话形容书籍主旨

书名介绍

编者

英文书名

以短句简介文中内容，"360幅""10万字"这样的标注十分精准到位，消费者对数字十分敏感

封面图形绘制

图 5-2　封面设计

籍中第一眼关注到它。购买行为中的"第一感觉"通常是消费者的最终选择。

2. 目录设计

装修类目录设计不同于教材类目录设计，在文字上，装修类书籍更注重趣味性，倾向用轻松的文字让人会心一笑。在形式上，排版方式更加活泼，用趣味性的数字与人物形象来代替枯燥的目录形式（图5-3）。

图5-3为一级目录，是对整本书结构的总结，有利于读者按照自己的需要选择书籍。目录页插图可以更好地区分上下章节。二级目录是对一级目录的补充，可以细化知识点。

3. 版式设计

一本书的文字内容布局是否合理，当所有的文字、插画、结构出现在同一个画面时，在阅读时是否感到吃力、乏味，图片与正文上下是否连贯，这些都是检验版式设计的重要手法。

图5-4（a）图文结合，可以更好地阐述文字的意义，图片的表达性更加的具有代表性。

图5-4（b）为自由版式设计，没有固定的文字与图片位置，可以按照文字内容进行任意排序。

图5-4（c）为指引式版式设计，具有指向性与解释性，让读者可以分步骤阅读。

图5-4（d）以对话的形式来表达观点，图片与文字紧密结合，趣味十足。

图5-4（e）表格的形式也是版式设计中常见的方式，表格的直观性更强烈，图表结合能让读者快速理解编者的意图。

图5-4（f）以图为主的排版方式，文字只占整个版面极少的部分，有的版面甚至没有文字。

4. 图文并存设计

图5-5为图文并存的版面形式设计，形式编排灵活、趣味性强。系列插图可以让读者融入到设定的情景中，设身处地地理解编者的用意。

(a) 正文目录

(b) 目录页

(c) 二级目录

图5-3　目录设计

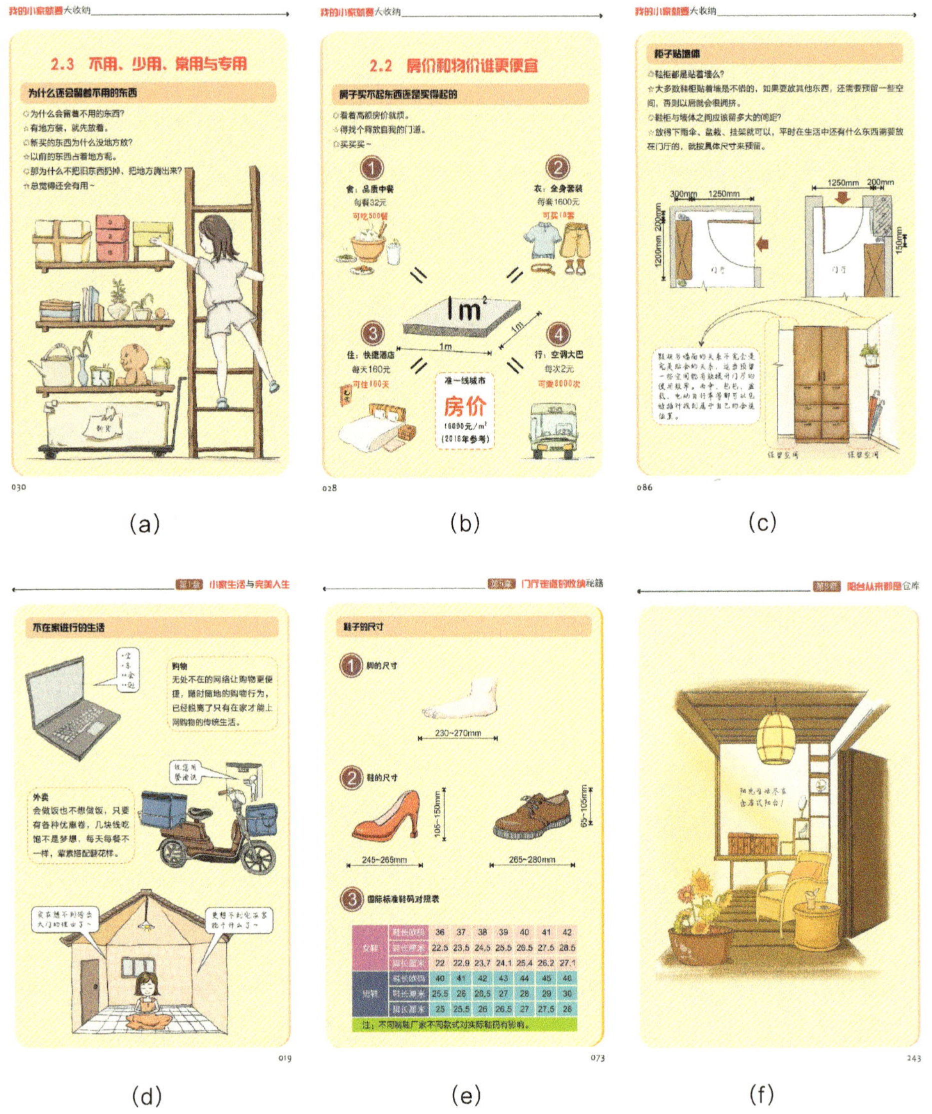

书籍装帧设计

(a)

(b)

(c)

(d)

(e)

(f)

图 5-4　版式设计

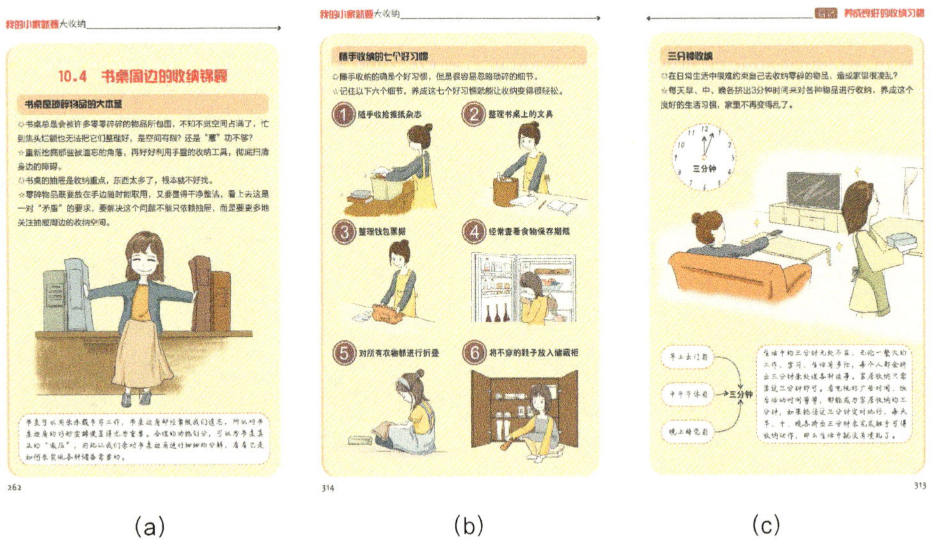

(a)

(b)

(c)

图 5-5　图文并存

二、图解设计

装修设计涉及多个方面的知识点，图解装修更是将装修的各个步骤进行了详细解读，装帧设计更是包含着多样化的设计形式（图5-6～图5-9）。

图5-8（a）为章节大图，是每章的首页插图，具有区分上下章的作用，图片与章节内容之间联系密切。

图5-8（b）为网格版式风格设计的一种，3栏组合的形式让整个版面富有节奏感。

图5-8（c）为表格形式，是书籍版面设计的重要形式，具有版面规整、排列整齐、文字归纳性强等优势。

图5-9（a）是文字为主的版面，一般会使用少量插图。在格式上，文字的排列形式可以有所变动，让整个幅面显得活泼。

图5-9（b）是以图为主的版面，重在以图片代替文字，只用解释性的文字加以点缀。对于重要的知识点，则用"小贴士"作为补充说明。

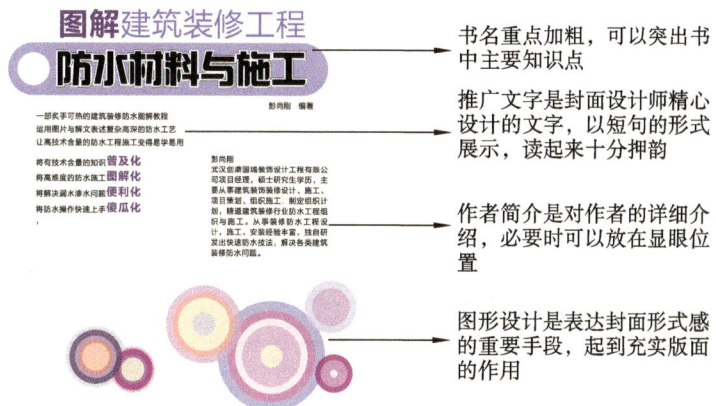

图5-6　封面设计

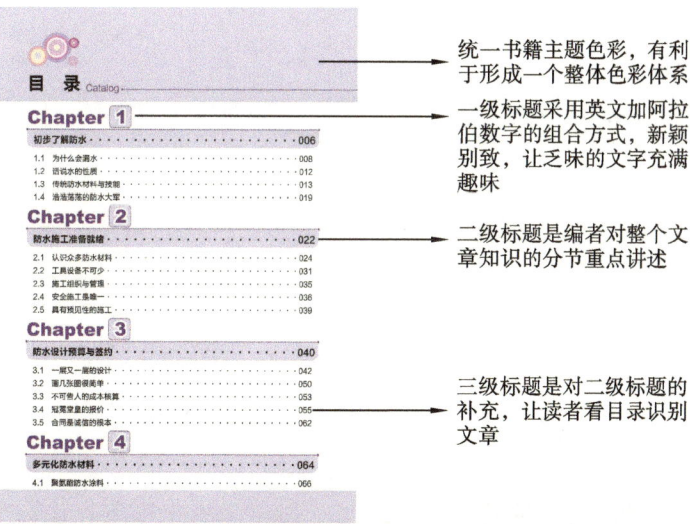

图5-7　目录页

116

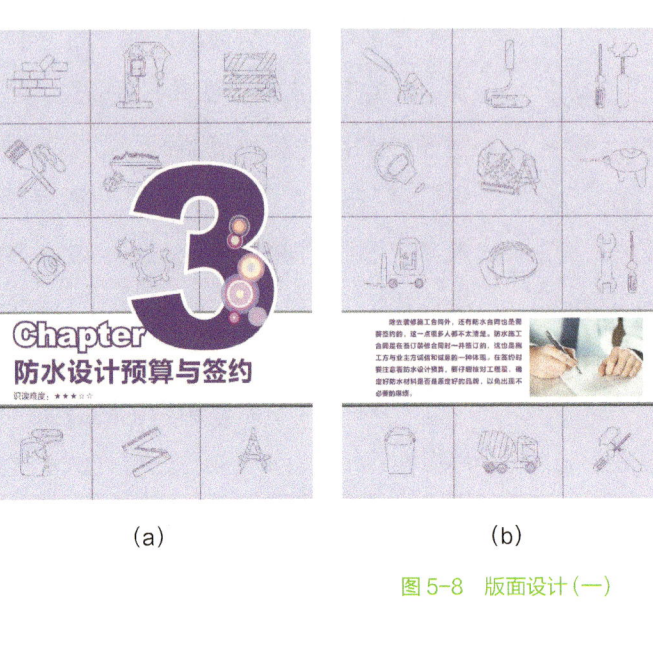

(a)　　　　　　　　　　(b)　　　　　　　　　　(c)

图5-8　版面设计（一）

(a) 文字为主的版面　　　　(b) 以图为主的版面　　　　(c) 图文并存的版面

图5-9　版面设计（二）

图5-9（c）是图文并存的版面，设计形式灵活，图片与文字之间联系密切，增强阅读的理解性。

第二节
教材类书籍装帧设计

教材类型的书籍在装帧设计上与市场型书籍不同，版面设计要求严谨，对文字与图片的精准度要求较高。这类书供学生使用，色彩搭配上体现出更多的色彩设计原理。

一、书法艺术设计

教材的封面设计注重"留白"设计，适当的留白能够形成一种简约而不简单的气质，提升档次（图5-10）。

版权页（图5-11）相当于图书的说明书，是对整本书的制作、编写、出处、

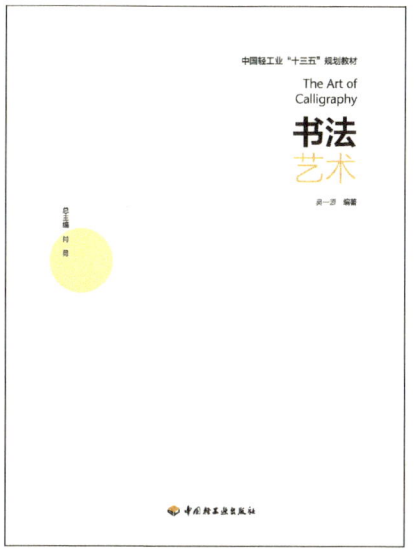

图 5-10 封面设计

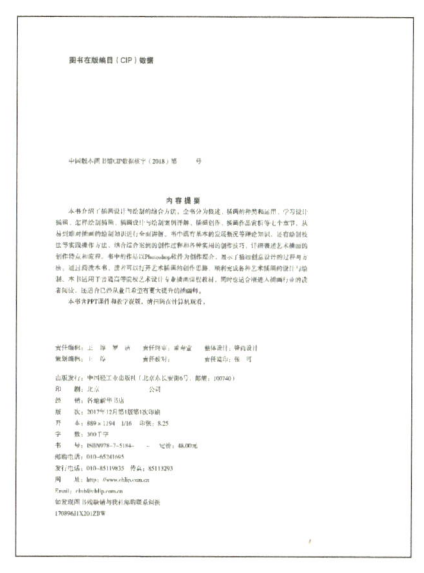

图 5-11 版权页设计

形式大小的概述。

图 5-12（a）采用左右对称的设计形式，将整个版面一分为二，这种形式与古典版式设计风格类似。

图 5-12（b）对插图进行标明、指向性解释，将文中的知识点以更为简单直接的方式呈现出来，有利于读者理解文中的难点。

图 5-12（c）采用周边插图的形式，

将文字圈在中间，突出文字知识的重要性。

图 5-13（a）为章节导读，作为每一章的引导性文字。文字加插图的形式贯彻到了每一章节，位置也固定不变。

图 5-13（b）为思维导图，是一种流程图设计，可以将大段落的文字用简易的图表示，直观性较强。

图 5-13（c）中灵活性的插图十分便捷，插图的位置没有固定的模式，在版

(a)

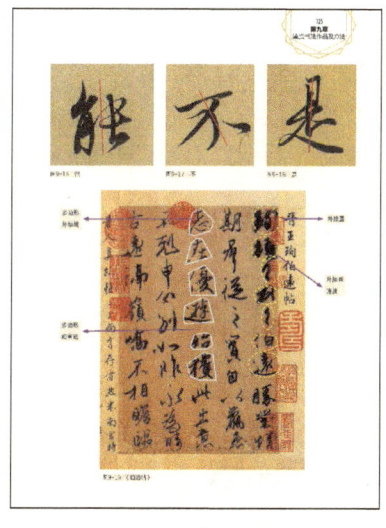

(b)

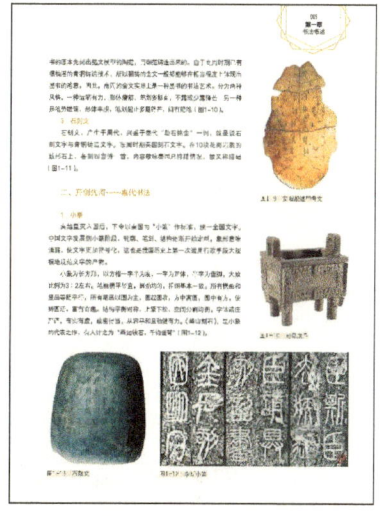

(c)

图 5-12 版式设计

(a) 固定位置插图

(b) 思维导图

(c) 灵活插图

图 5-13　插图方式

面的上、下、左、右都可以。

二、书籍插画设计

插画就是我们平常所看的报纸、杂志、刊物或儿童图画书里，在文字间所加插的图画，统称为"插画"。插画用以增加刊物的趣味性，使文字部分能更生动、更形象地活跃在读者的心中。如今在各种出版物中，插画的重要性早已远远地超过"照亮文字"的陪衬地位。它不但能突出主题的思想，而且还会增强艺术的感染力（图 5-14 ～图 5-16）。

图 5-14 所示的卡通插画看起来十分

(a)

(b)

图 5-14　卡通插画设计

轻松、有趣，卡通化的形象为书籍增添了乐趣，也极易使人产生亲切感，吸引读者的注意力。

图5-15（a）采用上图下文的方式，这是版式设计中十分常见的构图方式，集中排列的图片对比性强，对版面的要求小。

图5-15（b）按文字步骤插图，能够十分直观、简洁地表述文字的主旨，也可以从图中快速看出步骤之间的变化。

图5-15（c）采用围合式的插图方式，将重点文字放在首要位置，充分显现出文字内容的重要性。

图5-16（a）为两图排序，图5-16（b）为四图排序，图5-16（c）为六图排序。可见，排序方式与文字内容、图片大小等有密切关系。

(a)　　　　　　　(b)　　　　　　　(c)

图 5-15　插图方式设计

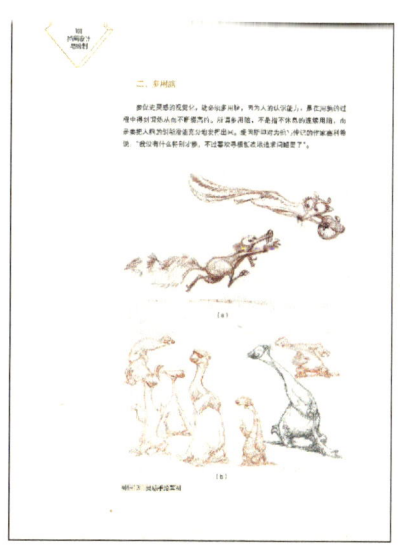

(a)　　　　　　　(b)　　　　　　　(c)

图 5-16　插画设计

第三节

技术类书籍装帧设计

手机作为现代人随身携带的通讯工具，同时也成为最便捷的拍摄工具，能让人们用一种更平和、更细腻、更朴实的心态来观察并记录生活中的点点滴滴。随着拍照手机技术的日益成熟和价格的下降，手机摄影日益普及。如何用手机拍摄出好照片，成为许多摄影爱好者和其他用户迫切需要解决的问题。近年来，手机的摄影功能日趋完善，将成为新型摄影的重要部分（图5-17～图5-25）。

图5-20章节页的版面一般是固定的设计形式，版面分割十分清晰明了，这样设计

图 5-17　封面的设计

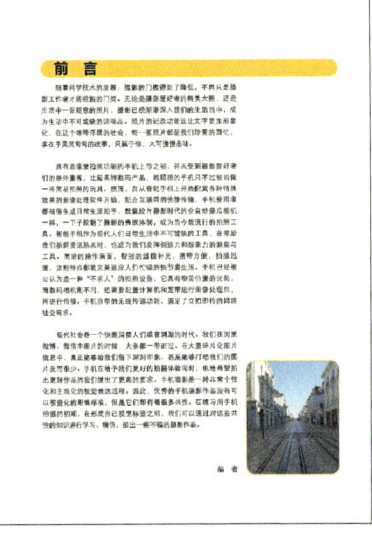

图 5-18　前言页的设计

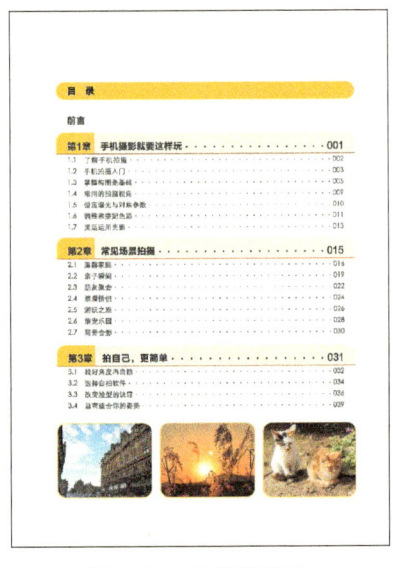

图 5-19　目录页的设计

（a）

（b）

（c）

图 5-20　章节页的设计

图 5-21　动物插图

图 5-22　植物插图

图 5-23　人像插图

图 5-24　以图为主的版式（一）

图 5-25　以图为主的版式（二）

也是为了更好地与上一章分隔，同时也作为本章的开端。网格式的设计风格将页面分为三栏，每一栏的设计都有自身的特征。

　　如图 5-21 所示的动物插图上表现

了许多微观的动作，拟人化的设计手法赋予动物人类的表情，使萌宠的形象深入人心。

　　如图 5-22 所示的植物插图体现出一

种静态美，让整个页面展现出勃勃生机，让整个页面富有动感。

如图 5-23 所示的人像插图能够表现出亲切感，甜美的形象会给人很舒服的感受，形成书与人之间的互动，让读者印象更深刻。

如图 5-24、图 5-25 所示的整个版面，图片占据了页面的 90% 以上，带来强烈的视觉冲击，文字说明极少，突出以图片为主的版式设计。

图 5-26 装帧设计的整体性原则包含了美学趣味的统一、形式与内容的统一、艺术与技术的统一。该设计将书籍的内容与形式作为一个整体来进行设计。

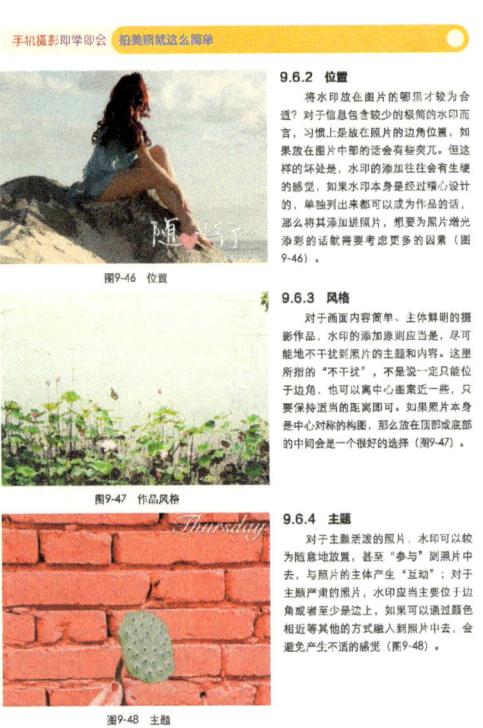

图 5-26　整体性设计

第四节

软件类书籍装帧设计

软件类书籍一直是设计行业备受欢迎的书籍。首先，它具有强大的语言组织能力，即使没有技术功底，也能轻松驾驭。其次，极其详细的制作方法与步骤让初学者能够按照步骤学习。这也是这类书籍受市场欢迎的原因。

一、CAD 书籍设计

1. 封面设计

封面设计如图 5-27 所示。

2. 正文版式设计

正文版式将文字与图片以一个较为合理的形式安排在同一个页面内，两者之间相互关联，各个设计要素之间相辅相

内容提要。对书籍主旨内容作说明介绍

作者简介。将作者信息放在后封也是常见的一种设计方式

宣传推广文字，起到宣传书籍的作用

封面插图、场景图与效果图相结合

书名，对重点词汇改变字体色彩

图 5-27　封面设计

成，从而得到和谐有趣的版面设计（图5-28）。

图5-28（a）在介绍一系列知识点时，采用文字与页面截图的形式，每个步骤图之间联系密切，便于读者理解。

图5-28（b）在表格中插图是版面设计中的常用设计手法，图片能够更加直观地表达文字内容，两者之间的结合使读者更易于阅读。

图5-28（c）为对比图设计，将多

个版本的软件界面截图进行比较，垂直排列的方式让阅读视线更流畅。

3.传统风格版式设计

图5-29为传统风格版式设计，是以订口为轴心左右页对称的形式。在正文的上、下、左、右各有一定规格的留白，文中内容分为两栏设计，字距与行距都有统一的规定。

4.操作步骤设计

如图5-30所示的软件类书籍的版式

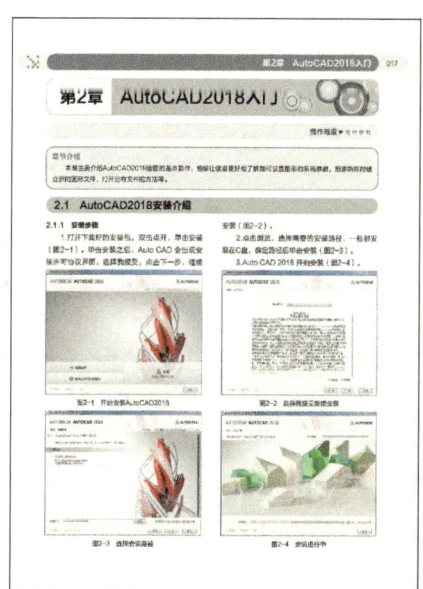

(a)

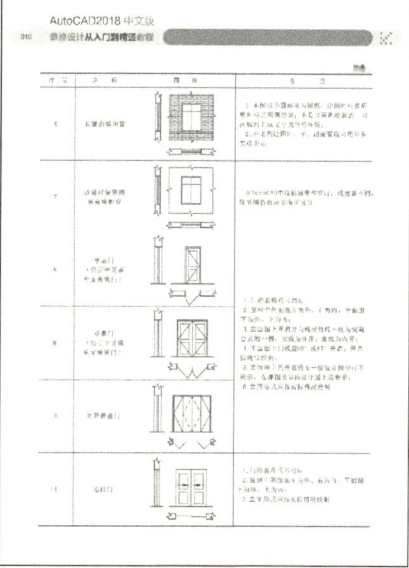

(b)

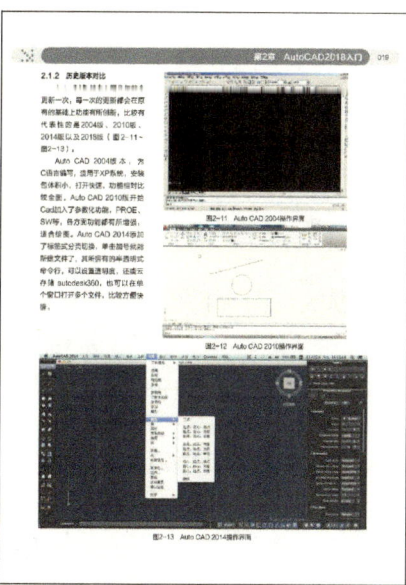

(c)

图 5-28　版面形式设计

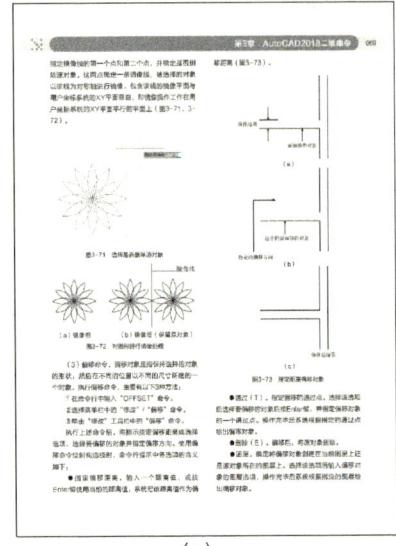
(a)

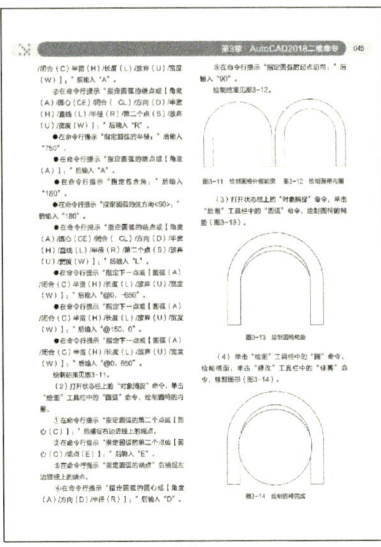
(b)

(c)

图 5-29　传统风格版式设计

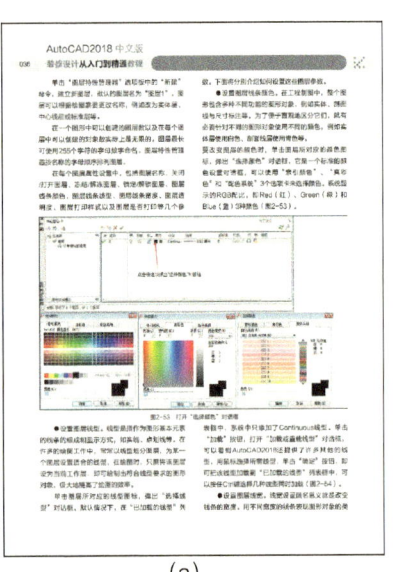
(a)

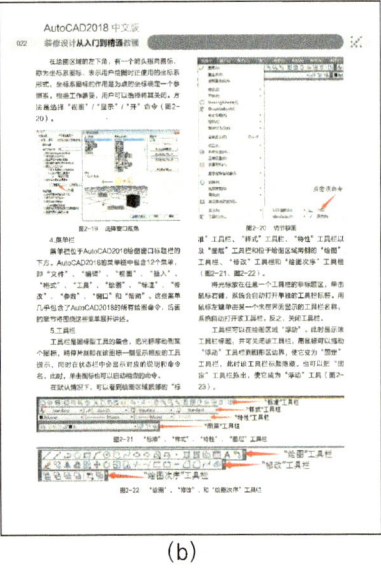
(b)

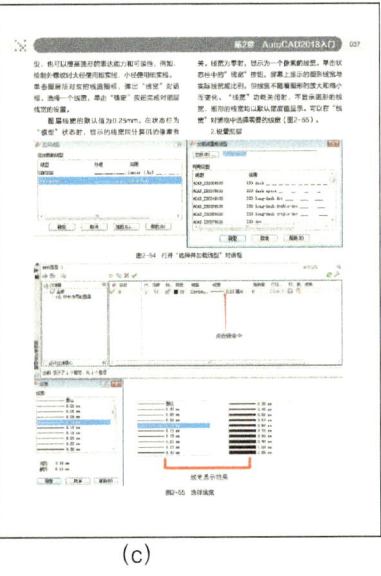
(c)

图 5-30　操作步骤设计

设计的独特之处就在于对每个设计步骤的讲解。文字加操作页面截图的编写方式让读者能够轻松掌握，这也是软件设计类书籍的精髓之处。

二、3ds max 效果图书籍设计

1. 封面设计

同一系列的软件类书籍采用相同的封面设计形式，让读者一眼就能识别一个系列的书籍。为了从视觉上区分两本书之间的差别，改变色彩是最直接有效的方式（图 5-31）。

2. 书籍组成设计

书籍内文由扉页、版权页、前言、目录页、正文、参考文献页等组成（图 5-32 ～图 5-36）。

图 5-31　封面设计

扉页是"书的前奏和序曲"，是印有书名、副标题、出版者名、作者名等名称的单张页，是书籍封面向书心的过渡，一般设计风格较为简约。

前言是刊印在图书正文前面，用以说明写作目的、经过和资料来源等或对图书内容加以评价的内容。一般只在文字上做设计，如字体的选择、行距等。

目录页的版面设计十分灵活，可以根据目录内容、文字数量等进行插图设计，形成具有自身风格的目录设计。

正文是图书的主体部分，是对目录

图 5-32　扉页

图 5-33　前言

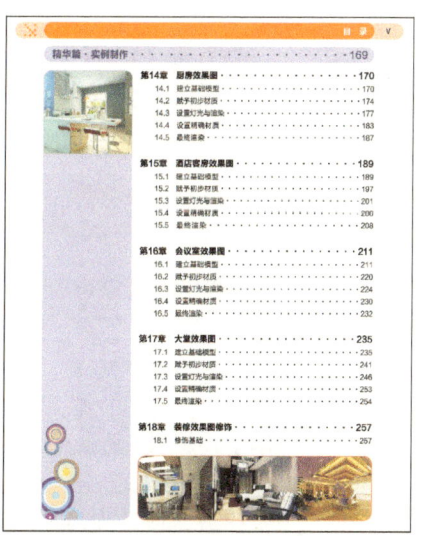

图 5-34　目录页

图 5-35　正文页　　　　　　　　　图 5-36　参考文献

内容的详细讲解。

　　参考文献是在学术研究中，对某一著作和论文的整体的参考和借鉴。

3.图解设计

图 5-37 是一把椅子的制作过程图

解，在排版时，按照制作的步骤将每一步的文字与图片放在一个页面内，在难点的部位，设计"补充要点"来帮助学习，版面形式丰富。

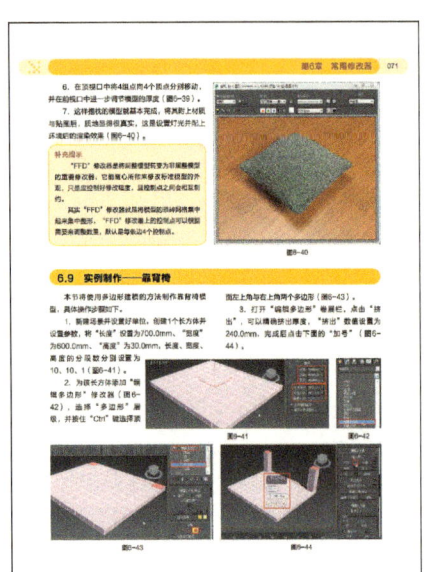

(a)

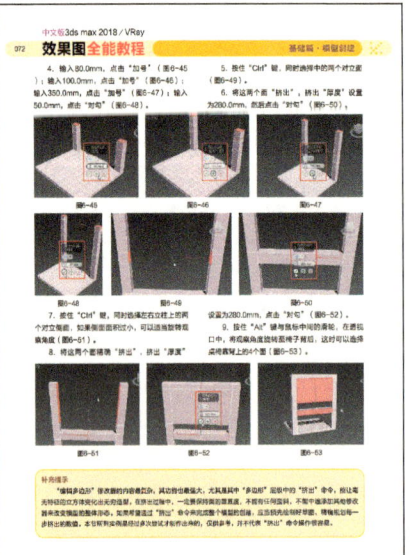

(b)

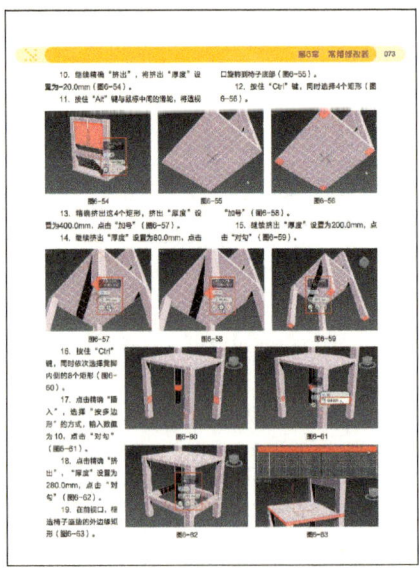

(c)

图 5-37　效果图制作过程图解

本 / 章 / 小 / 结

　　本章采用案例式教学方式，将多个行业的书籍装帧设计进行综合比较，让学生能够从书本中学到更多的知识要领。本章配有许多精美的图片，有利于提升学生艺术鉴赏能力。其次，将市场书与教材作对比，分析其两者之间设计形式、版面变化、封面设计等，真正做到学以致用。

思考与练习

1. 封面设计需要注意哪些细节问题？

2. 装修类书籍在封面设计上有什么优势？

3. 教材与装修书籍在装帧设计上有什么不同之处？

4. 软件类书籍与教材在版面形式上有什么异同？

5. 市场书与教材在版面形式上有什么不同？

6. 运用所学知识，说明第二节的插画设计是由多少开数的纸张制作而成的。

7. 手机摄影的书籍装帧设计有哪些可取之处？

8. 软件类书籍在版面设计中的重点设计是什么？

9. 请简要分析书籍装帧设计对日常生活的影响。

10. 以本书为题材，简要分析其组成要素与版面设计形式，以 PPT 的形式呈现。

参考文献
References

[1] 吴艺华.日本最新设计模板·书籍封面设计 [M]. 北京：人民美术出版社，2011.

[2] PIE GRAPHICS 设计部.创意版式素材模板 1000 例 [M]. 北京：中国青年出版社，2013.

[3] 丽贝卡·哈根，金姆·戈洛姆比基.人人都是设计师 [M]. 北京：人民邮电出版社，2016.

[4] 陈根.版式设计及经典案例点评 [M]. 北京：化学工业出版社，2015.

[5] 王斐.版式设计与创意 [M]. 北京：清华大学出版社，2017.

[6] 曹茂鹏.海报、插画设计配色从入门到精通 [M]. 北京：化学工业出版社，2018.

[7] 袁曼玲.书籍形态设计 [M]. 重庆：西南师范大学出版社，2014.

[8] 郑军.书籍形态设计与印刷应用 [M]. 上海：上海书店出版社，2008.

[9] 宋新娟，何方，熊文飞.书籍装帧设计 [M]. 武汉：武汉大学出版社，2011.

[10] 陆路平，王妍珺.书籍装帧设计 [M]. 武汉：中国建筑工业出版社，2013.

[11] 中国出版协会装帧艺术工作室.书籍设计 [M]. 北京：中国青年出版社，2013.

[12] 刘杨，袁家宁.现代插画与书籍装帧设计 [M]. 沈阳：辽宁科学技术出版社，2010.

[13] 谢群.书籍装帧设计与制作 [M]. 北京：化学工业出版社，2011.

[14] 张洁.书籍装帧设计与工艺 [M]. 天津：天津大学出版社，2011.